高等教育美术专业与艺术设计专业“十三五”规划教材

公共空间设计

GONGGONG KONGJIAN SHEJI

刘 佳 周旭婷 王 丽 编 著

编 委 尹丽波 李 晨

西南交通大学出版社

·成都·

内 容 简 介："公共空间设计"是一门综合艺术设计学科。在经济高速发展的现代社会中，公共空间设计深度和广度日益拓展。本书涵概了公共空间设计的通则与规范，阐述了公共空间设计涉及的各种理论基础，包括建筑结构常识、声学常识、人体工程学、色彩学、照明等多门学科。本书有针对性地对公共空间设计的主要类型（商业空间、办公空间、餐饮、娱乐、观演等空间）的设计进行了探讨，归纳总结了大量案例并进行了讨论分析。由浅入深、由理论到实践的过程贯穿于全书始终。

全书图文并茂、通俗易懂、实例典型、内容全面、学用结合、针对性强，是非常实用的专业书籍。本书既适合初学者和展示设计专业学生使用，也可作为其他艺术设计专业人员的参考用书。

图书在版编目（CIP）数据

公共空间设计 / 刘佳，周旭婷，王丽编著．—成都：西南交通大学出版社，2016.3

高等教育美术专业与艺术设计专业"十三五"规划教材

ISBN 978-7-5643-4542-6

Ⅰ．①公… Ⅱ．①刘… ②周… ③王… Ⅲ．①公共建筑－室内装饰设计－高等学校－教材 Ⅳ．①TU242

中国版本图书馆 CIP 数据核字（2016）第 044469 号

高等教育美术专业与艺术设计专业"十三五"规划教材

公共空间设计

编 著 刘 佳 周旭婷 王 丽

责任编辑 曾荣兵

封面设计 姜宜彪

出版发行 西南交通大学出版社（四川省成都市二环路北一段 111 号 西南交通大学创新大厦 21 楼）

电 话 028-87600564 028-87600533

邮政编码 610031

网 址 http://www.xnjdcbs.com

印 刷 河北鸿祥印刷有限公司

成品尺寸 185 mm × 260 mm

印 张 14.75

字 数 310 千字

版 次 2016 年 3 月第 1 版

印 次 2016 年 5 月第 1 次

书 号 ISBN 978-7-5643-4542-6

定 价 48.50 元

前　言

公共空间设计是室内设计的重要组成部分，也是室内设计的核心课程之一。公共空间涉及的范围非常广泛，包含的内容也异常丰富。公共空间与我们每个人的生活息息相关，它是我们生活、学习、工作的主要场所。在某种程度上来说，设计师们既是公共空间的创造者，也是公共空间的使用者，公共空间的设计不是目的和结果，也不是迎合少数人的爱好，而是一个过程，是一个大众参与并不断展现其生活变换的过程。新的设计并不仅是指新的风格或新的形式，而且是指新的内容和创造新的生活方式。

据有关资料统计，全国两千多所高等学府中开设室内设计专业的学校已逾八百所，毋庸置疑，室内设计在高等院校的专业群中是一个新兴的“热门”专业，正因为专业之“新”，就使得编写适合于本专业的教材成为刻不容缓的首要任务。

本书系统地介绍了公共空间设计的基本理论、行业特征、设计内容、创意方法、设计应用步骤以及设计表达方式等内容，收录了大量公共空间设计的经典案例以及一些编者本人的作品。总之，本书既有系统理论知识的介绍，又有实际案例示范教学以培养学生的创新意识和实践能力。

对于学习室内设计的学生来说，专业知识和修养是十分重要的，如果缺乏这方面的知识和修养，将会影响学生的想象力和创造性。因而，在设计的教学中，要特别注意引导学生阅读实物和观察图片。设计行业的蓬勃发展为我们提供了良好的契机，本书中收录的经典案例也为教学工作提供了良好的范例。

本书依据我国高等院校设计相关专业的教学大纲与教学计划的规范要求，坚持理论与实践相结合的原则，突出设计类专业的应用型特点，融艺术、技术、观念、探索性于一体，具有结构完整、内容丰富、示范性强、使用面广等特点。

本书编者大多从事设计行业十多年，具有丰富的教学经验，现将积累多年的、极具实用价值的知识与经验毫无保留地奉献给广大读者。

公共空间设计是一门综合性很强的学科，所需的资料与信息量都很大，在本书的编写过程中，得到了各有关方面的大力支持，在此表示由衷地感谢。

由于编者水平有限，加之时间仓促，书中难免有不足之处，恳请广大读者批评指正。

编者

2015.11

目　录

第 1 章　公共空间设计概论

公共空间（又译公众场所、公众地方、公共场所；英文为 public space 或 public place）是不限于经济或社会条件，任何人都有权进入的地方。公共空间的概念源于人类特有的人文环境，在这个特有环境里，它不只是要满足人的个人需求，还应满足人与人交往及人对环境的各种要求。公共空间所面临的服务对象涉及不同层次、不同职业、不同种族等，因此，我们说，公共空间是社会化的行为场所。

公共空间是介于私人领域与公共权威之间的非官方场域，是各种公众聚会场所的总称。通常也指城市或城市群中、在建筑实体之间存在的开放空间体——城市居民进行公共交往的开放性场所。但在本书中，我们介绍的内容不包括室外公共领域，而是以室内公共空间设计为主要内容（如图 1-0）。

图 1—0　奥赛美术馆

【学习目标】

本章介绍了公共空间设计的基本概念、公共空间设计的发展、风格表现以及所涉及的建筑结构常识及声学常识。通过对这些基本知识的学习，使大家了解这门课程的基本目标，把握学习的方向，以便在后面的学习中做到有的放矢，为后续的项目设计打好理论基础。

1.1 公共空间发展概述

公共空间是人类社会现代化进程的产物。成功的公共空间以富有活力为特征，并处于不断自我完善和自我强化的进程中。要使空间变得富有活力，就必须在一个具有吸引力和安全性的环境中提供人们所需要的东西，即如何在公共空间中营建和应用“空间与尺度”、“实体与虚体”、“场所”、“公共活动”等要素。空间既是物质存在的客观形式，用长、宽、高等量度和范围表现出来，又是物质存在广延性和扩张性的表现，但具有实质意义的公共空间应该也是兼具地域文化和内涵的（如图 1-1-1、图 1-1-2）。

图 1-1-1 kito 总部展厅

图 1-1-2 kito 总部展厅

空间设计是满足人们的生活需要、提升生活质量，不断改变和创造人们新的生活方式的行为活动。它是集功能设计、艺术设计、材料加工、地域文化等知识于一体的综合性设计门类，是根据人们对空间的使用功能和精神需求，结合所处的环境和相应标准，运用艺术设计和技术手段，创造一个新的空间环境的过程，其本质是对理想空间的营造。

公共空间是相对私人空间而言的集体性空间领域，城市中常见的公共空间有商场、酒店、学校、医院、办公室和城市公园等。随着我国经济建设和城市建设的快速发展，城市和农村的各类办公、购物、休闲娱乐等公共场所在规模和规格上都获得了较大的发展。人们对办公环境、生活环境、购物环境、教育和医疗环境以及休闲娱乐环境的要求不断提升，社会对公共空间设计人才的需求也不断增大，因而公共空间设计师和设计专业人员备受青睐，成为当前设计领域中的热门人才。作为一个新兴行业，公共空间设计在我国具有十分广阔的发展前景。

1.1.1 公共建筑的由来

我国境内已知的早期人类住所是北京猿人居住的岩洞。在旧石器时代，天然洞穴较为普遍地被作为住所。在我国古代文献中，曾有巢居的传说，这一时期，人类建筑还处于萌芽期；六七千年前，我国广大地区都已进入氏族社会，已发现的遗址数以千计，房屋遗址也大量出现，但由于各地气候、地理、材料等条件的不同，营建方式也多种多样，其中最具有代表性的房屋遗址主要有两种，即长江流域多水地区的干阑式建筑和黄河流域的木骨泥墙房屋。

原始社会建筑的发展是极其缓慢的，在漫长的岁月里，我们的祖先艰难地从建造穴居和巢居开始，逐步掌握了营建地面房屋的技术，创造了原始的木架建筑，以满足最基本的居住和公共活动的要求。

随着考古工作的进展，祭坛和神庙这两种祭祀建筑也在各地原始社会文化遗存中被发现。浙江余杭县的两座祭坛遗址分别位于瑶山和汇观山，都是土筑成的长方坛；内蒙古大青山的辽宁喀左县东山嘴的三座祭坛则是用石块堆成的方坛和圆坛。这些祭坛都位于远离居住区的山丘上，说明对它们的使用范围并不限于某个居住地，而可能是一些部落群所共有。中国最古老的神庙遗址发现于辽宁西部的建平县境内，这是一座建于山丘顶部的、有多重空间组合的神庙。

这一批原始社会公共建筑遗址的发现，使我们对五千多年前神州大地上的先民建筑水平有了一定程度的了解，即他们为了表示对神的祇敬之心，开始创建一种超常的建筑形式，从而出现了沿轴线展开的多重空间建筑组合的建筑装饰艺术。这是建筑发展史上的一次飞跃，从此，建筑不再仅仅是物质生活手段，同时也成了社会意识形态的一种表征方式和物化形态。这一变化，推进了建筑技术和艺术向更高的层次发展。

1.1.2 公共建筑的发展

“建筑是凝固的音乐”，是历史的画卷，是一个特定时期政治、经济、文化、科技、宗教和艺术精神的集中体现。在文明社会中，建筑不仅是人们遮风避雨、抵御寒暑、防止虫兽侵害而建造的赖以栖身的场所，同时也是人们从事各种社会活动的功能载体，由此，我们一般可将建筑分为三类：居住建筑、工业建筑和公共建筑。在这三类建筑类型中，公共建筑是人们进行社会活动所不可缺少的场所，其涵盖的社会内容是最丰富的，所包含的建筑类型也是最多的。

1. 中国公共建筑沿革

宫殿、坛庙、陵墓是古代为帝王建造的最隆重、最宏大、最高级的建筑物，它们耗费大量人力、物力和财力，集中表现了古代人民在建筑技术和建筑艺术方面的创造力，代表了一个历史时期建筑文化的最高水平。尽管这些建筑和现代意义上的公共建筑内涵不尽相同，但其艺术形式和技术水平却为公共建筑的发展起到了示范作用。

在奴隶社会里，大量奴隶劳动和青铜工具的使用使建筑有了巨大的发展，出现了宏伟的都城、宫殿、宗庙、陵墓等建筑。随着城市的形成，出现了最早的生活环境的组织形式，即奴隶主实行的土地划分的“井田制”，将土地划分为犹如“井”字的棋盘式地块。地块的中央是公田，四周是私田和居住群。《周礼》记载：九夫为井，四井为邑。邑、里供奉社神的地方称为“社”，这里的“社”就是居民们祭祀或举行宗教仪式的场所。

发展到封建社会，“里坊制”则成为主要的城市和乡村规划的基本单位与居住管理制度的复合体。它把全城分割为若干封闭的“里”作为居住区，商业与手工业限制在一些定时开闭的“市”中。这一时期，佛教的传入与发展也使得宗教建筑规模日益扩大。进入唐代，经过唐初的修养生息，商业与手工业发展迅速，公共活动愈加丰富，除了祭祀及宗教活动之外，商业活动也日益丰富起来。

到了北宋时期，商业和手工业的进一步发展，单一居住型的“坊”、“里”制度已不能适应社会经济的发展和城市生活方式的改变。渐渐地，原来“坊里”的组织形式被商业街和坊巷的形式所代替。城市中有很多常设的、定期的集市。“宵禁”被取消，坊墙也被商店所代替。商业活动以街市为纽带，商业街夜市纷列，住宅直接面向街巷，并多与商店、作坊混合排列。北宋后期都城东京（汴梁）就是典型的代表，图 1–1–3 是《清明上河图》局部，描绘了汴梁城繁荣的街巷形态。

图 1–1–3 《清明上河图》局部

明清时期的北京城是我国封建社会后期的代表城市，虽然城市在总的规划布局、道路分工等方面有了进一步的发展和完善，但由于当时生产力发展相对缓慢，城市居住区的组织形式并没有突出的变化。但由于商业活动日益丰富，公共活动场所类型也有所增加，城内除分布各处的寺庙、塔坛、王府、官邸外，其余均为民宅、作坊与商业服务建筑。

从 16 世纪到 18 世纪，外国传教士来华建立教堂，对外贸易机构在广州设立“十三夷馆”并于长春园内建造西洋楼，从此中国国土上陆续出现一些近代西式建筑，但数量很少，在当时并未产生多大影响。

1840 年鸦片战争之后，国门大开，随着中国封建经济结构的逐步解体，资本主义生产方式的产生和发展，中国建筑面临着近现代化进程。在通商口岸城市里，一些租界和居留地形成了新城区，这些新城区内出现了早期的外国领事馆、洋行、银行、商店、工厂、仓库、教堂、饭店、俱乐部和花园洋房。

19 世纪 90 年代前后，大批西方建筑相继在中国出现，近代新建筑类型和新建筑技术的被动输入和主动引进，加速了中国建筑的变化。工厂、银行、火车站等为资本输出服务的建筑规模逐步扩大，公共建筑类型日益多样化，居住建筑、公共建筑、工业建筑的主要类型已大体齐备，可以说新建筑体系已经形成，只是这些新体系还是当时西方同类建筑的“翻版”。

近代公共建筑在 20 世纪前，基本上仍停留于封建社会的类型状况，新建筑数量较少，仍以城镇中的旧式商业、服务行业建筑为主，进入 20 世纪后，在大中城市逐渐出现了行政、会堂、金融、交通、文化、教育、医疗、商业、服务行业、娱乐业等公共建筑新类型。在这些新公共建筑中，建筑空间的功能状况改观了，建筑规模扩大了。如 1928—1931 年在广州建造了拥有 5000 个席位的中山纪念堂；1934 年在上海建造了能容纳 6 万观众的江湾体育馆；20 世纪 20 年代前后在上海相继建造了先施公司、永安百货等包括百货商店、游乐场、酒楼、旅馆一体的大型综合性建筑（如图 1–1–4、图 1–1–5）。

图 1–1–4　中山纪念堂

图 1-1-5　江湾体育场

2. 西方公共建筑的沿革

西方社会中大规模的建筑活动亦开始于奴隶社会，当时建筑文化发达的地区有埃及、西亚、波斯、希腊和罗马，其中希腊和罗马的建筑文化一直被传承下来，成为欧洲建筑的渊源。

20 世纪现代建筑运动的中心人物西格弗雷德·吉迪翁（Siegfried Giedion）在他的著作《空间、时间与建筑：新传统的变迁》中叙述了建筑中存在的三个空间概念：第一个空间概念是雕刻式建筑的概念，美索不达米亚、埃及、希腊建筑都受此概念支配。第二空间概念是具有内部空间的建筑概念，由罗马人创造，对内部空间的拓展研究一直延续至 18 世纪。第三个空间概念是第一与第二个空间概念的结合，出自 20 世纪现代建筑运动。

无论是美索不达米亚、古埃及还是古希腊，它们的公共建筑基本上都表现为宗教建筑——神殿或神庙。宗教行为的履行地成为人们交往的理想场所。古希腊的人们举行宗教仪式时并不进入神殿的内部，而是在其周围露天举行。因此古希腊的建筑师、雕塑家们的技艺和热情都倾注在柱式、山墙与浮雕上（如图 1-1-6）。

图 1-1-6　帕提农神庙

古希腊被罗马帝国征服后，却用其文化征服了罗马。

罗马很大程度上继承了希腊的建筑风格。根据建筑史的一般说法，希腊建筑只有外部形态，至罗马时期才有了内部空间。或者说是古罗马人出于对于人的重视、对于世俗生活的重视，使得他们开始进入并感受建筑的内部空间。古罗马建筑在建筑形式、技术和艺术方面广泛创新，公元 1 至 3 世纪为古罗马建筑的极盛时期，达到西方古代建筑的高峰。古罗马建筑的类型很多，有罗马万神庙、维纳斯、罗马庙以及巴尔贝克太阳神庙等宗教建筑，也有皇宫、剧场、角斗场、浴场以及广场和巴西利卡（长方形会堂）等公共建筑。可以说，这个时期公共建筑得到了空前发展（如图 1–1–7、图 1–1–8）。

图 1–1–7　古罗马万神殿外观

图 1–1–8　古罗马万神殿内景

在罗马帝国灭亡后约一千年的历史中，人性遭到压抑，无论是绘画、雕塑还是建筑都是以基督教为核心，这一时期教堂建筑成为最为重要的公共建筑。中世纪神学家追求静态的、固定的体系；以神为绝对唯一的存在，以精密、静止、固定的层进体系证明神创造了生命，这是中世纪神学也是哥特式建筑存在的基础。其中最为著名的有法国的亚眠教堂、英国的索尔兹伯里教堂、德国的科隆教堂、意大利的米兰大教堂等。这一时期意大利的世俗建筑也得到发展，在许多富有的城市共和国里，建造了许多有名的市政建筑和府邸。市政厅一般位于城市的中心广场，粗石墙面，严肃厚重，多配有瘦高的钟塔，建筑构图丰富，成为广场的标志。城市里一般都建有许多高塔，总体轮廓线很美。威尼斯的世俗建筑有许多杰作，圣马可广场上的总督宫被公认为中世纪世俗建筑中最美丽的作品之一。

文艺复兴时期的建筑艺术不仅表现在富丽堂皇的宫室、庄严神圣的教堂这些大型建筑上，在其他建筑上也表现得一览无遗。意大利文艺复兴时期，建筑物逐渐摆托了孤立的单个设计和相互间的偶然组合，而逐渐注意到建筑群的完整性，使得广场建筑群得以发展，这也是克服了中世纪的狭隘，恢复了古典的传统的标志，对后世有开创性意义。从另一个角度讲，广场建筑群的发展也意味着公共活动的丰富。

17世纪的资产阶级革命意味着人类从封建社会开始向资本主义社会过渡，到19世纪中叶，资本主义生产方式迅速地扩展到全世界，与之相适应的建筑形式也日益丰富，公共建筑的类型也日趋完备，同时该建筑体系也扩散到世界各地。

20世纪初期，工业技术迅速发展，新的设备、机械、工具不断出现，极大地促进了生产力的发展，同时对社会结构也造成了较大的冲击。新型城市的出现、人口的激增导致城市住宅紧缺。伴随着城市发展而来的新型的厂房、学校、医院都对建筑形式提出了新的要求，使得传统建筑的构造方式已跟不上时代的发展。

19世纪末以来，已经在新的建筑材料和新的技术发展上取得了较大的进展。三种新型的建筑材料——钢材、水泥和平板玻璃已逐渐取代了传统的石材、木材和砖瓦。1851年伦敦世界博览会的水晶宫更为现代建筑提供了一个范例，建筑界开始倾向于使用新材料、新造型、新的建造方式和构建随之出现的新的空间形式。

现代主义建筑的先驱们，如德国的格罗比乌斯、密斯·凡德罗，瑞士的勒·柯布西耶，芬兰的阿尔瓦·阿尔托，美国的弗兰克·赖特，他们的设计实践和理论奠定了现代建筑的基础。特别是格罗比乌斯在德国创立的包豪斯设计学院更成为现代主义建筑的摇篮。虽然这所学校于1933年被纳粹政府强行关闭，但它对现代主义建筑的影响却是巨大的、难以估量的。20世纪30年代末，包豪斯的主要领导人、学生和教员为躲避欧洲的战火和纳粹政府的迫害纷纷移居美国，从而将欧洲现代主义的建筑思想也带到了这片新大陆。第二次世界大战以后，通过他们的教育和设计实践，依托美国强大的经济实力，终于将包豪斯的影响发展成一种新的风格——国际主义风格。

现代的空间形式重现了哥特时期对空间连续性和结构轻盈的要求，同时也利用了巴洛克尝试过的波状墙面和容积的动势效果。在许多厂房和公共建筑中，例如学校、医院之内，现代建筑既采用了文艺复兴时期划分的格律，恢复了文艺复兴时期对格律效果的赏识，只不过是转化为服从现代建筑实际需求的东西罢了。可以说，以往各个时代对于建筑空间的追求在现代强有力的技术保障之下都不再是难以克服的问题，以前的许多空间创造成果，在现代建筑中重新出现时都呈现出一种新的艺术面貌。不但如此，现代建筑运动还继承了文艺复兴时期和巴洛克范例中丰富个性的表现方法。

1.2 公共空间设计的概念

公共空间设计，是人为环境设计的一个主要部分，是建筑内部空间理性创造的方法。

其含义可以简要地理解为：运用一定的物质技术手段与经济能力，以科学为功能基础，以艺术为表现形式，建立安全、卫生、舒适、优美的内部环境，满足人们的物质功能需要与精神功能的需要。

现代室内设计是科学、艺术和生活所结合而成的一个完美的整体。随着时代的发展，室内设计一方面其广泛内容和自身规律将随社会生产力和生产关系的发展而得到发展；另一方面，新材料、新技术和新结构等现代科学技术成果的不断推广和应用以及声、光、电的协调配合，也将使室内设计升华到新的境界。

1.2.1 公共空间设计的定位

公共空间设计，是指根据建筑所处环境、功能性质、空间形式和投资标准，运用美学原理、审美法则和物质技术手段，创造一个满足人们社会生活和社会特征需求、表现人类文明和进步，并制约和影响着人们观念和行为的特定的公共建筑空间室内设计环境。它反映了不同地域、不同民族的物质生活内容和行为特征，体现了当代人在各种社会生活中的物质、精神需求和所寻求审美理想的室内环境设计。它既包括体现公共活动的科学、适用、高效、人本的功能价值，又能反映地域风貌、建筑功能、历史文脉等各种因素的文化价值。

公共空间环境的优劣直接关系到人们社会生活、生产行为的质量，关系到人们对于公共空间环境在满足使用功能的基础上，满足精神功能（如审美取向、环境氛围、文化品位、风格文脉等）的需求。随着社会的发展，公共建筑空间室内设计从设计构思、施工工艺、材料配置到内部设施都和社会的物质技术条件、社会文化和精神生活等紧密联系在一起；在空间组织和处理手法上，也反映了时代的社会哲学、社会经济、美学理念及地域民风的构思特征。总之，运用技术、艺术为人们创造出科学、合理、适用、美观、体现城市建筑文明与推动其进步并使之作用于人的生活理念和行为、符合社会文化生活特征的理想时空环境是公共建筑空间设计的内涵（如图 1–2–1）。

公共空间设计和住宅空间设计的要求是有区别的，特别是在基本功能和环境氛围的营造要求上是截然不同的。公共空间设计需要对使用者的类型进行分析，在功能设计上要以人群的普遍性为基础；而住宅空间由于使用者的相对稳定性，在设计功能和审美趣味上可以更加富于个性表现。公共空间由于规模的需要，在空间组织上往往出现较多相同空间的排列组合形式，如办公室和娱乐包厢，在排列组合上就表现出重复性（如图 1–2–2）；而在住宅空间设计中，空间的重复性相对较少。公共空间在空间组织中的序列性表现得要比住宅空间更为清晰和明确，例如火车站的空间序列安排，先到售票大厅，再到检票处和候车厅，这个顺序是不能更换的。

图 1–2–1　奥赛美术馆

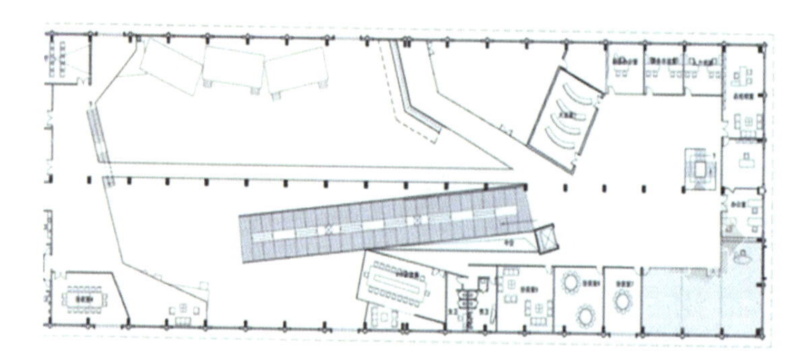

图 1–2–2　某办公室平面图

1.2.2　公共空间设计的发展趋势

随着社会的发展，现代公共空间设计逐渐呈现出以下几个新趋势：

1. 回归自然

随着环境保护意识的增强，人们更加向往自然，渴望使用自然材料，住在天然绿色环境中。北欧的斯堪的纳维亚设计流派由此兴起，其理念对世界各国产生了巨大影响。他们在住宅中营造舒适的田园气氛，强调自然色彩和天然材料的应用，采用多种民间艺术手法和风格。在此基础上，设计师不断在“回归自然”上下工夫，创制新的肌理效果，运用具象和抽象的设计手段使人们更加接近自然（如图 1–2–3）。

图 1–2–3　家居设计

2. 艺术形式完整

随着社会物质财富的丰富，人们渴望从“物的堆积”中解放出来，要求室内各种物件之间存在整体之美。正如法国启蒙思想家狄德罗所说：“美与丑关系具生、具长、具灭。”室内环境设计是整体艺术，它应是空间、形体、色彩以及虚实关系的把握，功能组合关系的把握，意境创造的把握以及周围环境的关系协调。许多成功的公共空间设计实例在艺术上都强调整体统一手法的运用（如图 1–2–4、图 1–2–5）。

图 1–2–4　餐厅设计

图 1–2–5　会议室设计

3. 高度现代化

随着科学技术的发展，许多新材料、新技术和新工艺被不断应用到建筑和环境设计领域中，公共建筑空间室内设计往往是最早采用现代科技手段的设计领域，在环境声、光、色上探索新颖的表现形式，以期创造出现代、时尚、高效、快节奏和充满未来感的艺术环境效果（如图 1-2-6、图 1-2-7）。

图 1-2-6　新余市规划展览馆

图 1-2-7　新余市规划的展览馆

4. 民族化与多元化

后现代建筑与环境设计的理念十分强调对地域文化和民族文化的借鉴和运用。它将历史上出现的优秀建筑装饰手法和装饰符号运用于现代公共空间设计中，是一种丰富空间文化内涵的重要手段，给人以历史的联想和对异域文化的新奇感。多元化打破了现代建筑的局限性，极大地丰富了建筑内部空间的个性与情感。对传统装饰文化和异域装饰文化的运用既可以是单一风格的运用也可以是多种风格的糅合。民族化与现代化并不矛盾，在当代建筑中不乏许多成功的案例（如图 1–2–8、图 1–2–9）。

图 1–2–8

图 1–2–9

5. 服务便捷化

城市人口集中已成为事实，为了便于人们更加高效、方便地生活，国外十分重视发展现代服务设施，许多国家均采用高科技成果提供支持。其公共建筑空间室内配有电脑问询、解答、向导系统，自动售票检票，自动开启、关闭进出站口通道等设施，这给人们带来了极大的便利。

1.3 公共空间设计技术与艺术

设计是人类把自己主观的想法施加于自然界之上的用于创造人类文明的一种活动，因此设计既需要技术的支持，同时也需要艺术来表达自己的主观情感。建筑的艺术性与技术性是不可分离地有机结合在一起的，特别是在现代建筑中这种关系表现的更加明显。

现代设计是综合设计，它既包括视觉环境和工程技术方面的问题，也包括声、光、电、暖通等物理环境以及气氛、意境等心理环境和文化内涵等内容。它涵盖了一个全方位的、综合思考的过程，除了对结构、功能、色调等方面的考虑外，还要对材料和技术工艺的运用进行分析考虑。结合当地的材料、技术条件以及成本来进行方案设计，是空间设计的一个重要原则，否则再好的设计都可能无能为力。是否能因地制宜地开展设计与施工活动是衡量一个设计师优秀与否的重要标准。

本书所涉及的公共空间设计主要是建筑内部的空间设计，因此了解建筑空间的基本形式，也是设计得以实现的基本前提，只有对建筑结构方面的基本知识有所了解，室内设计师才能最大限度地发挥自身的主观能动性和空间创造力来做好对原建筑空间的二次设计。此外，诸如原建筑结构能否改动、原建筑空间能否扩大或缩小，原建筑加、改、扩建是否合适才能合理地实现设计。

因此，室内设计师熟悉和掌握有关建筑结构方面的基本知识对于发挥室内设计师的空间改造能力、提高室内设计方案的可行性、加强室内设计专业和结构专业之间的协调性等方面起着至关重要的作用。

1.3.1 结构的类型

建筑结构的类型繁多。其中，多层与高层建筑常用的结构类型主要有混合结构、框架结构和剪力墙结构、混凝土结构、钢筋混凝土结构、钢结构；单层大跨度建筑常用的结构类型主要有门式钢架结构、桁架结构、网架结构、拱结构、薄壳结构、薄膜结构、悬索结构等。

1. 木结构

指在建筑中以木材为主体承重构建的结构形式。常用的木材主要有原生木和胶合木两种，一般用榫卯、齿、螺栓、钉、销、胶等连接。木材是一种取材容易、加工简便的结构材料。木结构自重较轻，便于运输、装拆，能多次使用，因而广泛地应用于房屋建筑中，也被应用于桥梁和搭架。胶合木结构的出现，更加扩大了木结构的应用范围。但在空气温度、湿度较高的地区，白蚁、蛀虫、家天牛等害虫对木材的危害颇大，且木材处于潮湿状态时将受木腐菌侵蚀而腐朽。木材易着火燃烧。故木结构应采取防虫、防腐、防火措施，以保证其耐久性。

2. 混合结构

混合结构的房屋一般是指楼盖和屋盖采用钢筋混凝土或刚木结构，而墙柱采用砌体结构建造的房屋，这种结构大多用在住宅、办公楼、教学楼建筑中。混合建筑不适合大空间的房屋。根据承重墙所在的位置，分为纵墙承重和横墙承重两种方案。纵墙结构承重方案的特点是楼板支承于梁上，梁把荷载传递给纵墙。横墙的设置主要是为了满足房屋的刚度和整体性要求。其优点是房间的开间相对较大，使用灵活。横墙承重方案的主要特点是楼板直接支承在横墙上，横墙是主要的承重墙。其特点是房屋横向刚度大，整体性好，但平面使用灵活性差。

3. 混凝土结构

它是以普通混凝土为主来制作的结构。《建筑结构设计通用符号、计量单位和基本术语》(GEM83—85）中指出:它包括素混凝土结构、钢筋混凝土结构、预应力混凝土结构等。其应用范围极广，是土木建筑工程中应用最多的一种结构。与其他材料的结构相比，其主要优点是:整体性好，可灌筑成为一个整体；可模性好，可灌筑成各种形状和尺寸的结构；耐久性和耐火性好；工程造价和维护费用低。主要缺点是:混凝土抗拉强度低，容易出现裂缝；结构自重比钢、木结构大;室外施工受气候和季节的限制；新旧混凝土不易连接，增加了补强修复的难度。

4. 钢筋混凝土结构

指用配有钢筋增强的混凝土制成的结构。由于混凝土的抗拉强度远低于抗压强度，因而混凝土结构不能用于受有拉应力的梁和板。但如果在混凝土梁、板的受拉区内配置钢筋，则混凝土开裂后的拉力则可由钢筋承担，这样就充分发挥了混凝土抗压强度较高的优势，起到共同抵抗的作用，提高了混凝土梁和板的承载能力。钢筋混凝土结构在土木工程中的应用范围极广，各种工程结构都可采用钢筋混凝土来建造。

5. 钢结构

指以钢材为主制成的结构。其中，由钢带或钢板经冷加工而成的型材制作的结构称冷弯钢结构。钢结构常由钢板和型钢等制成的钢梁、钢柱、钢桁架等构件组成，各构件或部件之间采用焊缝、螺栓或铆钉来连接。钢结构具有重量轻、承载力大、可靠性较高、能承受较大动力荷载、抗震性能好、安装方便、密封性较好等特点。但钢结构耐锈蚀性较差，需要经常维护，且耐火性也较差。其常用于跨度大、高度大、荷载大、动力作用大的各种工程结构中。

6. 剪力墙体系

剪力墙体系是利用建筑物的墙体（内墙和外墙）做成剪力墙来抵抗水平力。剪力墙一般为钢筋混凝土墙，厚度不小于 140 mm。剪力墙的间距一般为 3 ~8 m，适用于小开间的住宅和旅馆等，一般在 30 m 高度范围内都适用。剪力墙结构的优点是侧向刚度大，水平荷载作用下侧移小；缺点是剪力墙间距小，结构建筑平面布置不灵活，不适用于大空间的公共建筑，另外结构自重也较大。

剪力墙既承受垂直荷载，也承受水平荷载。对高层建筑主要荷载为水平荷载，墙体既受剪又受弯，所以称剪力墙。

7. 桁架结构体系

桁架是由杆件组成的结构体系。在进行内力分析时，节点一般为铰节点，当荷载作用在节点上时，杆件只有轴向力，其材料的强度可得到充分发挥。桁架结构的优点是可利用截面较小的杆件组成截面较大的构件。桁架结构可分为平面桁架结构和空间桁架结构两种，其中平面桁架结构的优点是制作方便、安装便利，缺点是侧向刚度小、占用空间大，适用于各类厂房和仓库建筑；空间桁架结构具有自重轻、刚度大、整体稳定性好、抗震性能优越等优点。

8. 拱结构

指一种主要承受轴向压力并由两端推力维持平衡的曲线或折线形构件。它是大跨度空间最为经济的结构体系之一。拱结构形式多样，按照结构的组成和支承方式，拱可分为三铰拱、两铰拱和无铰拱。当拱结构的轴线形状越接近恒荷载条件下理想压力曲线的形状，就越能获得经济的效果。它适用于体育馆、展览馆等建筑。

9. 网架结构

网架是由许多杆件按照一定规律组成的网状结构。网架结构可分为平板网架和曲面网架。它改变了平面桁架的受力状态，是高次超稳定的结构形式。平板网架采用得较多，其优点是空间受力或体系杆件主要承受轴向力，受力合理、节约材料、整体性好、刚度大、抗震性能好。

10. 薄壳结构

薄壳结构是一种曲面薄壁空间结构体系。它的优点有自重轻、强度大、材料省，但体型复杂、施工不便、隔热效果一般、易引起声音聚焦。薄壳结构适用于内部无柱的大型空间中，但不适宜用于对声学要求较高的场所。

11. 薄膜结构

薄膜结构是指利用柔性钢索、钢性支撑或人工气压差将人造模材料绷紧而形成的具有一定刚度和张力的结构形式。膜材料是以高强化学纤维织物为底，上覆特殊涂层而制成的一种优良的结构材料。薄膜结构具有自重轻、表面光滑、耐高温、耐磨损、透光性较好等优点，适用于体育场馆、展厅、商业街、收费站等。

12. 悬索结构

悬索结构是指以一系列高强度钢索作为屋盖主要承重结构的柔性结构形式，由索网、边缘构建和支撑构件三部分组成。悬索结构的主要承重结构是受拉的钢索，钢索是用高强度钢绞线或钢丝绳制成。悬索结构具有自重轻、强度大、形式多样、可挠曲等优点。它主要用于体育馆和展览馆中。

1.3.2 建筑荷载

荷载是指直接作用在结构上的各种力（包括集中力和分布力）的统称。荷载有多种分类方法，按随时间的变异分类，可分为永久作用、可变作用和偶然作用；按结构的反应分类，可分为静态作用或静力作用以及动态作用或动力作用；按荷载作用面大小，可分为均布面荷载、线荷载和集中荷载；按荷载作用方向分类，可分为垂直荷载和水平荷载。

1. 永久荷载

指随着时间的改变，荷载数值变化非常小的荷载，又称恒载，如建筑的自重等。

2. 偶然荷载

指在结构设计所考虑的规定期限内不一定会发生，但可能会出现，其荷载数值很大、持续时间很短、作用程度较深的荷载，如爆炸力、龙卷风、撞击力等。

3. 可变荷载

指随着时间的改变，荷载数值变化较大的荷载，如风荷载、雪荷载、积灰荷载、屋面与楼面活荷载、安装荷载等。

4. 静荷载

指不使结构产生加速度或加速度可以忽略的荷载，如结构自重、积灰荷载等。

5. 动荷载

指使结构产生不可忽略的加速度荷载，如地震荷载等。

6. 均布面荷载

指连续分布于楼面上的荷载，如铺设的木地板、地砖、花岗石、大理石面层等重量引起的荷载。

7. 线荷载

指建筑物原有的楼面或层面上的各种面荷载传到梁上或条形基础上时，可简化为单位长度上的分布荷载称为线荷载。

8. 集中荷载

指作用的面积对于总面积而言很小，可简化为作用在一点上的荷载，即产生集中力的荷载。

9. 垂直荷载

指沿垂直方向作用于结构上的荷载，如结构自重、雪荷载等。

10. 水平荷载

指沿着水平方向作用于结构上的荷载，如风荷载、水平地震作用等。

1.3.3 声学知识

在对声音质量要求较高的公共厅堂（如报告厅、影剧院、歌舞厅等）进行设计时，熟悉和掌握有关声学方面的基本知识对于确定合理的室内空间形态、选用合适的装饰材料、加强室内设计专业与声学专业之间的协调性等方面起着至关重要的作用。

1. 室内声学的特性

（1）室内声学

室内声学是指通过声波在室内的发生、传播、接收来研究室内音质的科学。其目的是为室内设计提供设计决策、施工参考、选型及用材等方面的科学依据，以营造符合人们听觉要求的室内环境。室内声学主要包括噪声控制和厅堂音质两部分。

（2）声音的传播特性

声音的传播特性是指声音在空气中某一点产生时，将引起声源周围一系列的声波，其波阵面沿半径逐渐向外层传播，随着距离的增大各点的声强逐渐减弱。在封闭的空间中，声音的传播则会受到界面的限制，出现反射与干涉现象。

（3）声传播的基本特性

①近声场与远声场

近声场是指距离声源在两个波长范围内的声场。在近声场中，声压级跟距离没有关系。远声场是指声源辐射场的一部分，在远声场内，距声源的距离每增加一倍，声压级则衰减 6 db。

②混响

混响是指在室内声源停止发声后，声波在传播的过程中遇到室内各界面的多次反射、散射及吸收后产生一定点的延续现象。在此过程中，如室内空间各界面的吸声能力弱，这个现象的持续时间就会比较长，反之则较短。

③混响时间

混响时间是指声音在达到稳定状态后停止声源，平均声能密度从原始值下降百万分之一所需要的时间，即声源停止发声后声压级衰减 60db 所需要的时间。混响时间是重要的声学特征之一，其作为声学估算和测试的重要指标被广泛地应用于现代音质设计中。

2. 室内声学的处理

（1）吸声

吸声是指当声波通过媒质或射到媒质表面时，声能发生较少或转化为其他能量的一种现象。声音在室内传播的过程中，通常有以下四种吸声途径：空气吸声、界面吸声、陈设品吸声及人体吸声。

（2）吸声材料与吸声结构

吸声材料是指由于材料的多孔性、薄膜作用或共振作用，对入射的声能具有吸收作用或共振作用，对入射的声能具有吸收作用且平均吸声系数超过 0.2 的材料。

（3）隔声

隔声是指用构建将噪声源与接收者分开以隔离空气对噪声的传播的措施。常用的隔声构建有墙、楼板、隔声罩、隔声间、隔声屏障和隔声带等。

（4）隔振

隔振是利用弹性材料或阻尼材料减少设备振动传播的措施，即利用弹性支撑降低振动系统对外干扰的能力。常用的隔振器及隔振材料有金属弹簧隔振器、橡胶隔振器、空气弹簧隔振器、橡胶隔震垫、玻璃纤维板、软木及毛毯等。

（5）消声

消声是指通过具有吸声衬里或特殊形状的气流导管有效降低气流中噪声的措施。这种管道即消声器，使用消声器应注意以下两点：一是风道流速一般不大于 8 m/s，否则会再产生噪声而降低消音的效果；二是消声器必须与噪声源隔开，以防止声源噪声再次传入管内，导致消声器输出端的噪声增大。

3. 噪声的控制

（1）噪声

噪声是指紊乱、断续或随机的声震荡，又称不需要的声音。通常室内的噪声的主要来源可分为五种：一是交通运输噪声；二是工业机械噪声；三是城市建筑噪声；四是社会生活或公共场所噪声；五是家用电器噪声。噪声对人的危害主要表现在三个方面：一是干扰人们正常的休息和睡眠；二是损伤人们的听觉器官；三是对人体产生一些生理影响。

（2）噪声控制

噪声控制主要从声源、声音的传递及声音的接收（即个人防护）三方面解决。其中，控制声源的主要手段有：降低发声强度、控制设备发声方向及合理设置减震装置；声音传递过程中的控制手段主要有：噪声源尽量远离主要功能使用区、对有声源房间的界面做吸声处理、设置室内绿化或隔断、对声源采用隔声罩及隔声墙做隔声处理；控制声音接收的主要手段有：在噪声强的地方设置独立的控制室隔开噪声源、装配消声通风设施及操作人员佩戴耳塞或耳罩。

4. 声的反射、衍射及散射

（1）反射

反射是指声波在传播过程中，如遇到大于波长的界面时，将改变传播方向而产生反射。其反射角等于入射角。反射的声能量与界面的吸声特性有关，界面的吸声性越强，其反射的能量就越低。

（2）衍射

衍射是指声波在空气传播中遇到障碍物或界面的空洞时，产生绕射、散射及波形畸变现象。这些现象在低频时比高频更为明显。当声音穿过墙壁的一个小洞或门缝时，其传播的方向就会发生改变，新声波的频率分布也会发生变化。

（3）散射

散射是指声波向各种不同的方向作无规律的反射和衍射。在空气中，声波在传播中遇到不同形状的障碍物或反射面时，就会产生散射。在厅堂音质设计中利用散射可使声音获得较好的扩散，使声音较为均匀且不易产生声学缺陷。

5. 音质

（1）音质

音质是声音传播的质量。房间音质的好坏可以用客观评价和主观评价来断定。在没有回声、颤动回声、声聚焦等声学缺陷的前提下，决定房间音质的因素为混响时间、声场分布、传输频率特性和噪声等级等。而扩声系统的音质主要包括传播声音的质量和电声设备的转换、传输和放大音质。

（2）音质设计

音质设计是指在建筑设计和室内设计中，在满足音质条件的前提下，对建筑和装修所采用的设计方法。音质设计主要包括以下几个方面：厅堂设计（应避免产生回声、颤动回声、声聚焦、声影等声学缺陷），每个座位容积和混响时间的确定，墙面形状和反射面、吸声面的确定，主要墙面、天棚、地面材料的确定，对噪声的控制。如以自然声为主的厅堂，应着重考虑避免或减少墙面的反射声所形成的声干涉。

（3）音质评价标准

音质评价标准通常可分为两类：一是以测量到物理参量来衡量，包括建筑声学和电声两方面的标准；二是主观评价标准。

（4）音质主观评价标准是指通过人们主观听觉效果来判断音质好坏的标准。它是音质评价的重要方法之一。音质主观评价的标准较为复杂，其决定因素比较多。为追求较为科学的评价标准，专家们提出了许多关于音质评价的术语，希望在反映各类音乐和各种音乐的标准音源下，使用统一的术语进行评价。目前常用音质评价打分来表现音质主观评价的结果。

6. 厅堂音质设计

（1）厅堂的分类

按声学特点的不同，厅堂可分为四类：一是直接听的房间，如教室、讲堂、剧院、音乐厅等；二是使用电声系统耦合的房间，如会议室、体育馆等；三是使用扩声系统的房间，如会议室、体育馆等；四是多功能厅堂，既可作为会议报告又可演出音乐、戏剧等。

（2）厅堂的音质指标

①混响时间

厅堂音质设计中的关键是提供适宜的混响时间，不同的使用功能对于大厅的形体、听众区座位的安排、最远的视距等都有着不同的要求。

②语音、音节清晰度

语音、音节清晰度是指由人发出若干单音节，音节之间毫无语意联系，由室内的听音者聆听并记录，然后统计听者正确听到的音节占所发音音节的百分数，即音节清晰度等同于听众正确听到的音节数除测定所发出的全部音节数。对于一个大厅来说，语音、音节清晰度达到 96% 以上为优秀，达到 85% 以上为良好，达到 75% 以上为满意，65% 以下为不清楚。

③室内声压级

为保证房间的音质，在设计上要求室内具有一定的声压级和允许噪声级。

（3）厅堂形体设计的基本原则

厅堂形体设计的基本原则主要包括以下几个方面：一是应充分利用声源发出的直达声，使近次反射声合理分布于整个大厅；二是适当地做扩散处理以使声场更为均匀地扩散；三是防止出现回声、声聚焦等声学缺陷。

1.3.4 公共空间设计风格

公共空间设计的风格与流派是历史文化和地域文化的直接产物，往往与相对应的历史时期的文学、绘画、音乐等多种艺术形式相关联，它们反映了那个时期的艺术风尚和审美追求。每个国家和地区在历史上都出现过多种建筑装饰的风格和样式，本节主要介绍的风格与流派大都是目前建筑装饰行业常见的风格与流派。作为公共空间设计师，应当对常见的装饰艺术风格有一定的了解，并结合所承接的设计项目，根据客户和环境的需要，灵活地运用经典的风格手法和符号元素，丰富公共空间设计的精神内涵与意境。

1. 新古典主义风格

新古典风格是利用传统装饰风格元素，强调传统美学法则的运用，突出建筑装饰部件在空间中的运用，力求达到传统装饰所追求的“形”、“神”兼备，以展示传统空间设计的端庄、典雅的艺术效果。它虽然是古典艺术风格，但在建筑结构、装饰材料和装饰工艺方面并不排斥现代材料和现代技术，在设计上照顾到现代人的空间使用习惯，符合现代人对公共空间的功能需要，且其艺术效果总体上是古典主义风格的。新古典主义风格利用的历史风格资源有：古罗马建筑装饰风格、哥特式风格、巴洛克风格、中国四合院建筑风格、中国徽州民居装饰风格、日本传统风格等（如图 1-3-1）。

图 1—3—1　西湖一号餐厅

2. 现代主义风格

现代主义风格起源于 1919 年创立的包豪斯学派，其基础是俄国构成主义和荷兰风格派。在当时的历史背景下，它在装饰语言的运用上与传统风格相对立，要求突破旧传统，创造新形式，重视空间的组织与功能的满足，注重结构本身的形式美，其造型简洁明了，反对华而不实的装饰，追求构成工艺和突出材料本身所具有的质感，也包括色彩的配置，发展了非传统的以功能布局为依据的不对称构成手法，强调与工业生产的联系，符合现代生活的需要和时尚流行的审美情趣，简洁实用，更强调设计对人们生活观念和生活方式的影响（如图 1–3–2）。

图 1-3-2　贝律名　美秀美术馆

3. 后现代主义风格

后现代主义风格是对现代主义风格的批判与发展，是当今较为流行的一种设计思潮，追求的是实用的理性与视觉审美的结合。它强调建筑及室内装潢应具有历史的延续性，但又不拘泥于传统的逻辑思维方式，探索新型造型手法，讲究人情味。采用非传统的混合、叠加、错位、裂变等手法和象征、隐喻等手段，融感性与理性、集传统与现代的建筑形象于一体（如图 1-3-3）。

图 1-3-3　富邦国际酒店

4. 自然主义风格

自然主义风格又称为“田园风格”，它倡导“回归自然”，美学上推崇“自然美”，在装饰材料方面追求自然性和天然肌理感，在装饰技术和工艺方面追求手工化和简易化的特点，加上富有特色的手工装饰品点缀空间，营造出一种纯真、质朴、淡雅、闲适的氛围（如图 1-3-4）。

图 1-3-4　Nobu 北京店

5. 混合型风格

公共空间设计在整体上呈现出多元化的状态，在设计中既趋于现代实用，又汲取传统风格，在装饰陈设中也融古今中西于一体。混合型风格在设计风格上不拘一格，强调融合，运用多种手段，深入推敲形态、色彩、材质等方面的整体视觉效果，追求实用、经济和美观（如图 1-3-5）。

图 1-3-5　鹿特丹工厂餐厅

1.3.5　设计流派

1. 高技派

高技派又称“重技派”，它反对传统的审美观点，强调设计作为信息的媒介，注重设计的交流功能，突出当代工业技术成就，讲究技术的精美，崇尚“机械美”，主张运用新材料、新工艺，突出结构形式，强调工艺技术与时代感。例如突出暴露的横梁、设备及管道。法国巴黎的现代艺术中心（蓬皮杜艺术中心）是其经典代表及开山之作（如图 1-3-6）。

图 1-3-6 蓬皮杜艺术中心

2. 光亮派

在设计中夸耀新型材料及现代加工工艺的精美细致及光亮效果，追求丰富、戏剧性的艺术效果，常在室内大量地运用玻璃及镜面、不锈钢、抛光的石材等装饰面材，配合使用各类新型光源和灯具，形成光彩照人、绚丽夺目的室内环境（如图 1-3-7）。

图 1-3-7 香奈儿展示中心

3. 超现实主义派

超现实主义派即在室内追求超现实的纯艺术效果，通过采用异常的空间组织、曲面或具有流动弧形的线形界面，以浓重的色彩、变幻的光影、奇特的陈设，有时还配以现代绘画来烘托超现实主义的室内环境氛围，力求在建筑限定的“有限空间”空间中创造一个“世界上不存在的世界”。超现实主义风格的室内环境较适宜作为有特殊视觉形象要求的某些展示或娱乐空间（如图 1-3-8）。

4. 白色派

白色派也称平淡派，在室内环境中大量运用白色来构成这种流派的基调，朴实无华，简洁却富有变化。由于白色给人以纯净、文雅的感觉，并让人产生美的联想，所以受到大家的喜爱。白色派风格并不单单是简化装饰，选用白色对表面进行处理，而且还具有更为深刻的思想内涵（如图 1-3-9）。

图 1-3-8　布达佩斯纽约宫 SAP 馆

图 1-3-9　罗马千禧教堂

5. 解构主义

解构主义的形式实质上是结构主义的破坏和分解，即把原来的形式打碎、叠加、重组，追求与众不同的氛围，给人以意想不到的刺激效果。它强调不受传统理性的约束，否定传统的构图规律，用材也大胆粗放，往往片面地强调表意性，致使作品与观赏者之间常常难以沟通（如图 1-3-10、图 1-3-11）。

图 1-3-10
古根海姆博物馆　弗兰克·盖里

图 1-3-11 古根海姆博物馆　弗兰克·盖里

6. 风格派

风格派的室内设计，在色彩及造型方面都具有极为突出的特征。他们认为"把生活环境生活化，对人们的生活就是一种真实"。风格派的室内装饰和家具经常采用集合形体，即以及红、黄、蓝三原色或以黑、灰、白等色彩来配置（如图 1-3-12、图 1-3-13）。

图 1-3-12　乌得勒支大学生物医学院

图 1-3-13　乌得勒支大学生物医学院

7. 装饰艺术派

装饰艺术派善于运用多层次的几何线型及图案，重点装饰建筑具体构件部位，如门窗线脚、檐口及建筑腰线等。为了既突出时代气息，又凸显建筑文化内涵，现在一些大型的公共空间，其装饰在现代风格的基础上，又在显著的细部常饰以装饰艺术派的图案和纹样（如图 1–3–14）。

图 1–3–14　“天地一家”餐厅上海外滩店

8. 孟菲斯派

它追求装饰艺术与设计功能的和谐统一，强调采用手工工艺的方法来制作作品；它挑战传统，不相信设计计划的完整性，寻求艺术上的创意，忽略室内家具的使用功能。其风格独特，充满戏剧性（如图 1–3–15），一般具有以下特点：

图 1–3–15　马西默 · 尤萨 · 基尼设计的休息厅

（1）平面布局不拘一格，强调自由性。

（2）多将新型材料、明亮色彩、新奇图案等运用于传统家具，使其具有多重性。

（3）打破直线条，运用曲线、曲面的造型。

（4）对界面进行布景般的、非长久性的表层涂饰。

【本章小结】

本章概括地介绍了公共空间设计的一些背景知识（包括公共建筑的由来、公共建筑的发展、建筑结构常识、建筑声学常识等），也对公共空间设计的艺术流派进行了简要的介绍。

【任务分析】

通过本章的学习，对公共空间设计这门课程所涉及的内容建立基本的概念，尽可能多地了解一些公共空间设计的背景知识，为后续的学习作好理论知识的储备。

【复习思考题】

1. 公共空间设计动因是什么？公共建筑的历史沿革是怎样的？

2. 建筑结构的主要形式有哪些？建筑声学基本术语的含义是什么？

3. 主要设计流派有哪些？它们各自的特点是什么？

第 2 章　公共空间设计环境构成

公共空间设计环境主要是指公共空间的基本理论。了解公共空间的基本理论是艺术设计工作者应具备的基本素养。没有基本的理论做基础的设计，再作深入设计就很难经得起推敲。只有相当的实践结合完善的基本理论才能推动设计的进步。

室内公共空间设计涉及建筑学、心理学、材料学、人体工程学、灯光学、家具设计、陈设设计等多门学科领域。公共空间设计不仅是对室内空间每个面进行装饰，也不仅是对室内进行隔断与家具的陈设摆放，而是要运用各学科的原理和知识进行完整地营造。

【学习目标】

本章介绍了公共空间设计的环境构成，包括公共空间设计心理学、色彩学、材料学、光环境、人体工程学、陈设设计等。通过对这些环境要素的学习，使大家掌握公共空间设计的基本要素，熟练运用设计语言，为后续的项目设计提供坚实的理论基础。

2.1　公共空间设计心理学

环境心理学是从心理学的角度，探讨人与环境的关系，探索环境对人们行为产生的影响。

环境心理学认为，人类的活动既具有个体性的差异，也具有群体性的特征，它会因民族性、宗教性、地域性或时间性的差异而有差异。这就要求我们设计室内公共空间时，在考虑人的感觉与知觉基本反应的同时，还要将群体的情感与审美心理作为设计的一个因素来深入考虑（如图 2–1–1）。

图 2–1–1

2.1.1　感觉与知觉

每个空间的功能都包括物质功能和精神功能，二者具有紧密的联系。物质功能是指空间的物理性能，包括空间的面积、体积、大小、形状、比例等。它要考虑空间中的功能、交通、陈设、消防、采光、通风、隔热、隔音等因素。而空间的精神功能是建立在物质基础之上的，在满足物质功能的同时，还要从人的文化和心理需求来考虑，包括人的审美、民族、风格、情趣等，来创造一个适宜的空间环境。公共空间设计不仅是满足物质功能，而物质和精神功能相结合创造出有意境和氛围的、适宜人类在其间活动的空间环境才是目的。公共空间的设计中要满足物质和精神功能的结合就与人的行为有着密不可分的联系，而人的行为又与人的心理有密不可分的关系。所以在研究公共空间的设计时，必然会涉及人的心理感知。公共空间设计不仅注重个人的感觉与知觉，更要注重群体的感觉与知觉，公共空间的设计是为了满足大众共同的审美情趣。这就是进行公共空间设计的基础。

室内环境与人的心理与行为息息相关，列举以下几个方面：

1. 领域性与空间性

领域性是动物在环境中为获得生存、取得食物、繁衍生息等的一种行为方式。动物会通过气味、标识来划定一个相对固定的领域，与大多数的动物一样，人类也有控制周围空间的冲动。人具有一定的动物性，但人与动物有本质的区别。当一组人感到某个地区属于他们所在的集体时，不再单枪匹马，而是为了彼此共同的利益而采取集体行动。在人漫长的进化过程中，创造出了适宜自身生存的室内环境，在这个环境中生产、生活、活动，并且总是力求其活动不被外界干扰或妨碍。

这里，空间性是指人类共同的活动空间有其必需的生理和心理范围与领域。因此不同的活动范围就创造出不同的空间领域。在人类活动的室内设计中，通过若干的元素围合和分割的方式可以来界定空间。地面可以界定一种领域感；顶面可以给领域感提供一种遮蔽，墙面可以把空间进行划分，柱体界定了可穿行相对透明的空间界面（如图 2–1–2）。

图 2—1—2

2. 距离性

这里的距离性是指在室内的空间中人类个体与个体间的距离，在人与人的交流、接触时所需的距离性。人因接触的对象和场合不同，在距离的要求上各有不同。根据人际关系的密切程度、行为特征来确定这种距离性。美国文化人类学家 Edward Hall 曾经讲过，人与人之间有四种空间距离。第一种是公众距离（public distance），有 360 cm 以上距离；第二种是社交距离（social distance），为 120 ~ 360 cm，就好像是隔着桌子的距离；第三种是个人距离（personal distance），为 45 ~ 120 cm，可与对方接触握手的距离，虽然是认识的但是没有特别的关系，既安全又可以保持最大空间，保护自己的私人空间的距离；最后一种就是亲密距离（intimate distance），为 0 ~ 45 cm，能感觉到对方的嗅觉和体温，就是亲人、情侣和夫妻才会出现这种距离。当然由于性别、职业、文化程度、民族、宗教信仰等因素不同，这种距离也会有所不同（如图 2–1–3）。

图 2–1–3

3. 隐私性

在不同的社会和一个社会的不同部分，人们对隐私有着不同的要求。在某种程度上来说，隐私性几乎是每个人都需要的。隐私性在室内空间中也有很多的体现，如在餐厅选择座位时，人们多愿意优先挑选空间相对独立的包间或相对较少受其他人干扰的餐桌，尽量会避免选择人流频繁的座位。在办公室选择座位也是如此，人们都会尽量选择有一定自由度的、少受监控的位置，这样能提高人对工作的满意度（如图 2–1–4）。

图 2—1—4

4. 安全感

图 2—1—5

在人口密度甚高的环境中生活和工作，人们往往会感到压抑而缺乏安全感。在室内公共空间活动的人，从心理感受来说安全感也很重要。如在火车站或地铁站中，一般人们并不停留在最容易上车的地方，而是愿意待在柱子或墙边，适当地与人流通道保持距离。在柱边人或墙边使人感到有依托，更具安全感。同理在办公室选择座位时，当在座椅背后是实墙的座位和座椅背后是人流频繁的座位两者进行选择时，因为人在背对人流时，总有不安全感，多数人更愿意选择座椅背后是实墙的位置（如图 2–1–5）。

2.1.2 情感与审美

公共空间的审美特点，讲求的是环境气氛、造型风格和象征涵义，另外还要给人以情景意境、知觉感受和联想。人置身于公共空间，必然因受到环境气氛的感染而产生种种审美的反应。公共空间设计手法中能使人产生情感和审美，列举下例（如图 2–1–6）：

图 2—1—6

1. 尺度感

在教堂内，人与空旷高大的空间之间的产生强烈对比尺度，产生浓郁的宗教气氛和神秘感，使人对神的力量顶礼膜拜，将人的情感引向上帝。

2. 动线转移

在古典园林中，使人体会到“一步一景、步移景异”的艺术效果。它的特点是景色随时间和空间的推移与转换、室内外景色相互渗透的意境、人在有组织的空间序列中的移动而变化。

3. 形状和体积

突破常规的形状和打破视觉平衡的形状空间会给人以动态、富有变化和具有冲击力的心理感受。

4. 新技术

各种新技术和新材料的应用，使内部的分隔墙脱离了承重的作用，而变得轻、薄、曲、折，给各室内空间创造了各种可能性的条件。

综合以上例子，就群体而言，地域、民族、文化、时代、社会地位、世界观、信仰、修养和社会阅历不同的人会产生不同的审美判断。

另外，实验心理学家通过实验和统计指出，就色彩而言：外向型、情感型的人比较喜欢暖色，喜欢对比、活泼的色彩关系；内向型、理智型的人比较喜欢冷色，喜欢和谐的、沉静的色彩关系。

所以设计师常利用色彩、透视、错觉、光影反射等多种手段，对多层次的空间的分隔，使人从心理上和情感上产生使大空间变小、小空间变大，或感到开朗，或感到压抑，或感到惊奇，或感到豁然开朗，或感到曲径通幽等。

2.2 公共空间设计色彩学

色彩与人类的生活紧密相关，对色彩的辨别是人识别物体、认识世界的重要条件。色彩和室内物体的材料、质地紧密地联系在一起。色彩充满着我们周围的环境，它对人的影响不仅仅是反映在视觉方面，也反映在它能对人的视觉、肌体、心理和行为产生重要的作用。色彩对人的情感还有一定的支配作用。

从物理本质来说，色彩是波长不同的光。世间万物呈现出五彩缤纷的色彩是由于物体对色光有吸收或反射的功能。对色彩的辨别是我们识别物体、认识世界的重要条件。实验证明，人们观察物体时，首先引起视觉反应的就是色彩。初看物体时的前 20 秒钟，人对色彩的关注占注意力的 80% 左右，而对形状的注意仅占 20% 左右；2 分钟后，对形体的注意可增至 40%，而对色彩的注意降至 60%；5 分钟后，色彩、形状各占注意力的 50% 左右。从这些数据中我们看到色彩对于室内环境空间的重要意义。

2.2.1 公共空间设计色彩的功能（如图 2–2–1）

图 2–2–1

色彩可以引起人对物体形状、体积、温度、距离上的感觉变化，色彩也可以使人产生感情的变化。但色彩使人产生什么样的情感不是绝对的，不同的人对色彩有不同的联想，从而产生不同的感情。也就是说，不同性别、年龄、职业的人，色彩的心理作用不同；不同的时期、不同的地理位置以及不同的民族、不同的宗教和风俗习惯对色彩的爱好也有差异。这些差异往往对室内设计效果有着决定性的影响。

1. 色彩的温度感

太阳光照在身上和靠近火时人们会觉得很暖和，所以人们会感到凡是和阳光、火相近的色彩都会给人以温暖感。同理，当人们看到冰雪、海水、月光等，就有一种寒冷或凉爽的感觉。

色彩的温度感与色彩的纯度有关系，暖色的纯度越高越暖，冷色的纯度越高越凉爽；色彩的温度感还与物体表面的光滑程度有关，表面光洁度越高就越给人以凉爽感，而表面越粗糙的物体则越给以温暖感。

2. 色彩的体量感

色彩的体量感表现为色彩给人感觉上的膨胀感和收缩感，可以把颜色分为膨胀色和收缩色。色彩的膨胀及收缩与色彩的明度有关。明度高的膨胀感强，明度低的收缩感强。色彩有膨胀与色温也有关系，色温低的色彩有膨胀感，色温高的色彩有收缩感。

室内公共空间设计中，经常利用体量感调节空间的体量关系。小的空间用膨胀色在视觉上增加空间的宽阔感，大的空间用收缩色减少空旷感，体量过大或过重的实体可用明度低的色和冷色减少它的体量感。

3. 色彩的空间感

色彩的空间感就是色彩给人感觉上的远近感。根据人们对色彩距离的感受，可以把色彩分为前进色和后退色。前进色是使人们感觉距离缩短的颜色，反之则是距离增加的后退色。暖色基本上可称为前进色，冷色基本上可称为后退色。色彩的距离感还与明度有关，明度高的色彩具有前进感，反之则有后退感。

4. 色彩的表情

如红色最易使人兴奋、激动、喜庆和紧张；橙色很容易使人感到明朗、成熟、甜美和美味；黄色给人以欢快、光明、丰收和喜悦的感觉；蓝色很容易使人联想到忧郁、广大、深沉、悠久、纯洁、冷静和理智；绿色使人联想到健康、生命、和平和宁静；紫色给人以高贵、神秘和压抑的感觉。

5. 色彩的个性

色彩的个性表现为不同的人对色彩的爱好不同。不同年龄层次、不同职业和不同生活背景有不同的色彩心理特征。如成年男子多喜爱青色系列，成年女子则喜爱红色系列。青年人多喜爱青色、绿色，而对黄色则不太喜爱，他们喜爱高纯度的明亮、鲜艳的颜色。低年龄层的人喜欢纯色，厌恶灰色；高年龄层的人喜欢灰色，厌恶纯色。

6. 色彩的地域性

色彩的地域性是指气候条件对室内公共空间色彩的影响。

例如寒冷地区房间的颜色应偏暖些，而炎热地区房间的颜色应偏冷些；潮湿阴雨地区的室内色彩明度应略高一些，日照充足而干燥的地区室内色彩的明度可低一些；朝向好的房间室内色彩可偏冷些，朝向差的房间室内色彩可偏暖些。

7. 色彩的民族性

色彩的民族性指世界各民族对颜色的感情和爱好有明显的差异（如图 2–2–2）。

图 2–2–2

中华民族喜欢红、黄和鲜艳的色彩，白、黑、灰色不大受欢迎。如故宫金黄色的琉璃瓦与朱红色的高墙保留着皇族的遗风，也成为民族的象征色。

在日本，黑色被用于丧事，红色被用于举行成人节和庆祝六十大寿的仪式。日本人喜爱红、白、蓝、橙、黄等色，禁忌黑白相间色、绿色、深灰色。

印度人在生活和服装色彩方面喜欢红、黄、蓝、绿、橙色及其他鲜艳的颜色。黑、白色和灰色，被视为消极的、不受欢迎的颜色。

马来西亚人认为绿色具有宗教意味，伊斯兰教区喜爱绿色，但用于商业上并无妨碍。忌用黄色（死亡），马来西亚人一般不穿黄色衣服。单独使用黑色认为是消极的。喜欢红、橙以及鲜艳的颜色。

新加坡人一般对红、绿、蓝色很欢迎，视紫色、黑色为不吉利，视黑、白、黄为禁忌色。

德国人喜欢紫色、绿色、咖啡色，尤对金黄色有偏爱，以色调淡雅为好。由于政治原因，茶色、黑色、红色、蓝色等禁止使用。

在埃及，绿色代表国旗、宗教，白底或黑底上的红色、绿色、橙色、浅蓝色、青绿色是理想色。暗淡，特别是紫色、蓝色不受欢迎。

爱尔兰人爱鲜明色彩，漆枯草绿色最受欢迎。对类似英国国旗的红色、白色、兰色短大衣以及橙色不喜欢。

埃塞俄比亚人认为红色吉祥、高贵、喜庆，黄色为丧服颜色。

沙特阿拉伯人崇尚白色（纯洁）、绿色（生命），而忌用黄色（死亡）。

苏丹人认为黄色是美的标志，因此妇女特别喜欢沐烟雾浴，使皮肤变成黄色。

在毛里塔尼亚，绿色是穆斯林国家喜爱的颜色，象征繁荣、希望。星和新月是多数穆斯林国家的标志。

8. 色彩的时间性

色彩的时间性指人们对颜色的感情和爱好会因为时间的变化而有差异。

中国古代将色彩与五行相关联。按照五行的生克关系，《吕氏春秋·应同》中就具体指出：黄帝是土，大禹是木，商汤是金，文王是火，然后顺理成章说秦是水，其色尚黑，代火者必水。这就是给秦朝正统造势。

又如夏朝崇尚青色，商崇尚白色，周崇尚红色，秦崇尚黑色，汉崇尚红色，晋崇尚白色，隋崇尚黑色，唐崇尚红色，宋崇尚青色，元崇尚白色，明崇尚红色，清崇尚黑色，民国崇尚黄色，中华人民共和国崇尚红色。由此可见人们对色彩的喜好也会随时间不同而改变。

2.2.2 公共空间设计色彩构成

光是一切物体颜色的唯一来源，它是一种电磁波能量，称为光波。波长为 380 ~ 780 mm，人可察觉的光称为可见光。光刺激到人的视网膜时形成色觉，通常见到物体颜色是指物体的反射颜色。物体的有色表面反射光的某种波长可能比反射其他的波长要强得多，这个径向最长的波长，通常称为该物体的色彩。

1. 色彩的三属性

色彩具有三种属性，或称为色彩的三要素，即色相、明度和纯度。

色相即每种色彩的相貌，如红、黄、蓝等。通常用色相环来表示。色相是区分色彩的主要依据，是色彩的最大特征（如图 2-2-3）。

图 2-2-3

明度是色彩的明暗程度。通常从黑到白分成若干阶段作为衡量的尺度，接近白色的明度高，接近黑色的明度低。

纯度即各色彩中包含的单种标准色成分的多少。纯的色色感强，即色度强，所以纯度亦是色彩感觉强弱的标志。不同色相所能达到的纯度是不同的，其中红色纯度最高，绿色纯度相对低些，其余色相居中，同时明度也不相同。

2. 色彩的混合

（1）原色

色彩中不能再分解的基本色称为原色。原色能合成出其他色，而其他色不能还原出本来的颜色。原色只有三种，色光三原色为红、绿、蓝，颜料三原色为红、黄、青。色光三原色可以合成出所有色彩，同时相加得白色光。颜料三原色从理论上来讲可以调配出其他任何色彩，三色相加得黑色。

（2）间色

由两个原色混合得间色，即橙、绿、紫，也称第二次色。

（3）复色

颜料的两个间色或一种原色和其对应的间色（红与绿、黄与紫、蓝与橙）相混合得复色，也称第三次色。复色中包含了所有的原色成分，只是各原色间的比例不等，从而形成了不同的红灰、黄灰、绿灰等灰调色。

2.2.3 构成公共空间色彩的设计方法（如图 2-2-4）

图 2-2-4

1. 色彩的协调

色彩的协调，就是两种以上的颜色相互搭配所产生相互效果的和谐。公共空间室内色彩设计的是如何配置色彩，这是公共空间室内色彩设计效果的重点。任何孤立的颜色没有美与不美或高低贵贱之分，只有是否恰当的配色，而没有不可用的色彩。色彩效果取决于不同色彩之间的相互搭配，同一颜色在不同的背景条件下，其色彩效果可以迥然不同，因此如何处理好色彩之间的协调关系，就成为配色的关键。

协调就是一种和谐和秩序，色彩协调有色相协调、彩度协调、明度协调、近似协调、对比协调和综合协调等。色彩的近似协调和对比协调在公共空间设计中都是十分重要的，近似协调固然能给人以统一、平静的感觉，但是过于地近似协调也能造成太平淡的感觉。对比协调在色彩之间的对立、冲突所构成的和谐关系却更能动人心魄，但是过分地运用对比协调会产生凌乱的感觉。事物总有两面性，色彩的协调的把握要在一个范围，关键在于正确、适当地处理和运用好色彩的统一与变化规律。

2. 色调的把握

公共空间设计色彩应有主调或基调，冷、暖、性格、气氛都应通过主调来体现。对于规模较大的建筑，主调更应贯穿整个建筑空间，在此基础上再考虑局部的、不同部位的适当变化。主调的选择必须符合空间的主题，如何通过色彩来传达怎样的感受，是大气、高端、典雅、华丽，还是安静、活泼、低调、奢华。色调的把握就如同一首乐曲中的主旋律，所以是至关重要的。

3. 色彩的对比

两种及两种以上的色彩并列相映的效果之间所能看出的不同就是对比。色彩对比有色相对比、明度对比、补色对比、同时对比、面积对比、色度对比和综合对比。色彩对比强烈，在视觉上有跳跃感，在空间中有很强的表现力，在渲染烘托气氛时常用这种处理手法。

色相对比，就是未经掺和的原色，以其最强烈的明亮度来表示。黄、红、蓝是极端的色相对比，这种对比至少需要三种清晰可辨的色相，其效果总是令人感到兴奋、生机勃勃、毅然坚定。

明度对比就如同白昼与黑夜、光明与黑暗。黑色和白色是最强的明度对比，在它们对比之间有着灰色和彩色的领域。

冷暖色对比：有实验表明，在同样温度的条件下，人们对冷热的主观感觉前后要相差 2.78~3.89℃。如冷色的房间里的人们，15℃时就感觉到寒冷，而在橙红的房间里工作的人们，温度表在 11.1~12.2℃时才感到寒冷。

补色对比，就是色相环上呈 180° 的色彩的对比，就称这两种色为互补色。这样的色彩对比既互相对立，又互相需要。当它们靠近时，能相互促成最大的鲜明性。例如：黄、紫不仅呈现出补色对比，并且表现出极度的明暗对比。红橙、蓝绿是一对互补色，同时也是冷、暖的极度对比。红和绿是互补色，这两种饱和色彩有着相同的明度。补色对比的处理十分强烈，白色墙、茶几、边几与黑色沙发互补；红色坐垫与盆栽的椰树红绿色互补。

同时对比，就是人眼看到任何一种色彩，眼睛都会同时要求它的补色，即使补色没有出现，眼睛都会自动地将它产生出来。如人在盯着红色 30s 后，再将目光放在白色墙面上时，人会在白色墙面上会看到绿色。每种色相都会同时产生它的补色。

面积对比是指两个或更多色块之间多与少、大与小之间的对比。应用面积对比的目的，就是要在两种或多种色彩之间有色量比例的平衡。如果在一幅色彩构图中使用了与和谐比例不同的色域，从而使某种色彩占支配地位，那么取得的效果就会是富于表现性的。一幅富有表现性的构图中的色彩究竟要选择什么样的比例，这需要依据主题、艺术感觉和个人的趣味而定。

色度对比是指色彩的纯度，色度对比就是在纯度的强烈色彩同稀释的暗淡色彩之间的对比。中性色、黑白灰及金银色的调和，以丰富的变化调性，使室内色彩达到统一与和谐。

4. 色彩在空间中的特殊运用

在色调确定的基础上，以色彩的协调为原则，色彩的变化可以使得空间变得丰富。巧妙地运用色彩的对比和呼应关系，是空间中色彩表现魅力的一种技巧，是一个优秀设计师的重要素养和能力，这些色彩的表现体现在空间中的所有物件上。

由于公共空间设计物件的品种、材料、质地、形式和彼此在空间内层次的多样性和复杂性，公共空间中色彩的设计统一性非常重要。

2.2.4 公共空间色彩设计的主要内容（如图 2–2–5）

图 2–2–5

1. 背景色

它在公共空间如墙面、地面、顶面占有极大的面积，并起到衬托公共空间中所有物体的作用。因此，背景色是公共空间色彩设计中首要考虑的因素。不同色彩在不同的空间背景上反映的性质、心理知觉和感情截然不同，一种特殊的色相虽然完全适用于地面，但当它用于顶面上时，则可能产生完全不同的效果。

2. 装修色

装修色包括如门、窗、隔断、风口、墙裙等，它通常和背景色有着紧密的联系，也是公共空间设计总体效果的主体色彩之一。

3. 家具色

家具色是各类不同品种、规格、形式、材质的各种家具，如桌、椅、沙发、服务台、展台等物品的色彩。家具是公共空间设计陈设的主体，是表现室内风格、气氛的重要因素，家具色也和背景色、装修色有着密切的关系。

4. 织物色

织物色包括窗帘、帷幔、台布、地毯、各种家具的蒙面织物。织物的材料、质感、色彩、图案五光十色、千姿百态，和人的关系更为密切，在室内色彩中起着举足轻重的作用，如不注意可能成为干扰因素。织物有时也可用于背景和重点装饰。

5. 陈设色

陈设色包括灯具、电器、工艺品、绘画雕塑、日用器皿等陈设的色彩，有的体积虽然小，但有时可起到画龙点睛的作用。

6. 绿化色

绿化色包括植物、盆景、花篮、插花和仿真植物的色彩，不同的花卉、植物有着不同的姿态、色彩、情调和含义，和其他色彩容易协调。它们对丰富空间环境、创造空间氛围、加强生活气息、软化空间肌体、增加空间环保有着特殊的作用。

2.3 公共空间设计材料学

图 2-3-1

装饰材料的品种、性能和质量，在很大程度上决定着建筑公共空间装饰是否坚固、适用和美观；又在很大程度上影响着公共空间的结构形式和施工速度。材料是公共空间设计得以支撑的物质基础。人类从最初的利用自然界的自然材料到能对自然材料进行加工制作，又到对材料多方面的功能进行认识和使用经历了漫长的岁月。到了工业社会，大机器的生产使材料的成批加工生产成为现实，其为改善人类的居住环境提供了充分的技术条件。特别是到了现代社会，高新技术的发展和应用，合成材料的使用也越来越广泛。这使得现代建筑和室内可供使用的材料的种类和性能越来越多，无论是对自然材料——木头、石头等的进一步生产和加工，还是现代装饰材料如金属、玻璃、塑料、石英等的应用，都达到了前所未有的广度和高度，为公共空间材料的设计、选择和利用提供了丰厚的物质材料基础。

公共空间的装饰材料，从广义上讲，是指能构成室内公共空间的各种要素部件的各种材料。在公共空间中，除了人与自身的穿戴衣物外，所能见到的其他的物体都可以称为室内装饰材料。由于室内空间主要是由地面、墙面和顶面三大空间界面所构成的，所以，从某种意义上讲，室内装饰材料的设计主要指依附于这三大空间界面的各种材料的设计而言的。

2.3.1 公共空间设计材料的属性与作用

公共空间的装饰材料除了具有各种物理性能、化学性能、形状、体积和色彩以外，其质地取决于其肌理，肌理是可以传递信息的。使用材料的质地看得清、摸得到，因此使人获得的质感就显得格外重要。人对喜欢的东西，除了用眼睛看，还喜欢通过抚摸、接触来得到满足，材料的质感也能在视觉和触觉上同时反映出来（如图 2-3-2）。

1. 功能性

在公共空间室内环境材料的设计中，材料所具有的功能性往往是由其材料的各种元素结构和物理性能决定的。各种装饰材料的化学、物理元素的构成不同，其使用的功能和范围也不同，在质地的硬度、材质表面的肌理粗细程度、抗腐蚀、防水、防滑、隔热、阻燃、隔音、易锻造和成型等性能方面存在差异，因此它们在公共空间中的用途也不尽相同。例如，公共空间中使用较多的大厅或者走廊的地面就应该选用耐磨的石材、瓷砖、木地板等类型的材料；乳胶漆只适用于顶面和墙面，而不能用于地面。

图 2-3-2

2. 视觉特性

在公共空间的装饰材料构成中，有些在视觉上已经使人形成了一定的感知经验和使用概念。有些材料给人冰冷和坚硬的感觉，如大理石、不锈钢、玻璃等；有些材料给人亲切柔和的感觉，如木质、地毯、织物等。另外，有些材料并置在一起时会给人在视觉上以硬度上的差异感，如金属和水泥材料与木材和玻璃的硬度对比。材料表面的肌理和色彩上也会给人以视觉上和触觉上的不同感受。

3. 物理特性

在公共空间的材料设计中，有时为了解决局部功能的某些缺陷和不足，相应地采用某类材料去进行弥补，就是利用此种材料的物理特性。因此，了解材料的三大物理特性（即光学特性、声学特性、热工特性）和防火、防潮、隔声、隔热、反射、透光等指标，在材料设计中十分重要。如公共空间中为了能消除眩光、局部刺眼的缺陷，可利用磨砂玻璃、乳白玻璃和光学格栅等形式，使光线能均匀散布。

4. 审美特性

公共空间的环境气氛和情调的形成，很大程度上取决于材料本身的色彩、图案、式样、材质和肌理纹样，这些材料本身的因素很多都是在自然生长和加工生产的过程中形成的，关键在于公共空间设计中对于各种材料的选择和搭配。如木质材料的天然色彩和自然纹理给人以亲切自然和温暖感；玻璃材质给人以晶莹剔透、光泽四射之感；不锈钢和钛金令人有现代、冷静的感觉……这些都是材料的美感特性。

5. 环保特性

在现代社会，健康越来越受到人们的关注，绿色和环境作为健康不可忽视的指标，深入到了人们日常生活密切相关的居室和建筑装饰材料中。合格的环保指标是保障现代人对健康的需求，因此环保是绝对不可忽视的。

2.3.2 公共空间设计材料的种类及特征

室内装饰材料的分类，可按其材料的生产流通、销售进行分类，也可按其材料本身的物理特性进行分类，如光学材料（透光或不透光）、声学材料（吸声、反射、隔声）、热工材料（保温、隔热），还可分为自然材料和人工材料等。本章对材料的分类，主要是按构成室内空间的顶棚、地面、墙面的主要材料及公共空间内物体的设计和实际使用进行的。

1. 木材及人造板材（如图 2-3-3）

图 2-3-3

木材材质轻且具有韧性、强度高、有较佳的弹性特性，而且木材耐压抗冲击、抗振易于加工和表面涂饰，对电、热和声音有高度的绝缘性等，这是其他材料难以替代的，因此在室内设计中大量地被采用。特别是木材具有自然美丽的纹理和柔和温暖的视觉和触觉效果，使人有回归自然的质朴感等而为人们所钟爱。木材于装饰方面的常用的方式有：原木板方材（在原木的基础上，根据实际所需尺寸，直接加工运用的板材和方材）、地板、墙板、天花板、楼梯踏板、扶手、百页窗、家具、实木线条和雕花等。

人造板材是为了消除天然原木由于生长等其他原因的不足，利用木材加工所剩的边角废料，用科学的生产工艺手段而生产的人造板材。人造板材既有天然木材的优点，又能克服天然木材的一些缺陷。比如幅面大、变形小、表面平整光洁、易于加工，而且物理、力学性能好。在装饰中，人造板材使用越来越广泛。常用的有胶合板（俗称三层五层板）、刨花板、纤维板、细木工板、饰面防火板、复合木地板、家具等。

2. 装饰石材（如图 2-3-4）

天然石材因为具有独特的艺术装饰效果和技术性能，在建筑中的应用历史悠久。石材结构致密、强度高，耐磨性、耐久性特别好。从欧洲古代建筑到现代室内装饰，其运用都十分广泛。我国也是世界上石材资源丰富的国家之一，石材的资源丰富，分布面广，容易就地取材。

装饰石材是指在天然石材的基础上，经过锯切、研磨和抛光等加工而成的块状和板状及其他异形状的能作为饰面材料的石材，可分为天然石材和人造石材两大类。天然石材包括有火成岩、沉积岩以及变质岩所形成的天然花岗石和大理石。人造石材，即将天然岩石的石渣作骨料，经过工艺加工而做出的石材。

图 2-3-4

（1）天然花岗石

天然花岗石具有独特的装饰效果。花岗石由火成岩形成，主要矿物成分为长石、石英、云母等。花岗石外观常呈整体均粒状结构，具有深浅不同的斑点状花纹。花岗石的优点是坚硬致密、抗压强度高、吸水率小、耐酸、耐腐、耐磨、抗冻、耐久。花岗石的缺点是：硬度大，因此开采困难；质量较大，因此运输成本高；另外它为脆性材料，耐火性较差。某些花岗石含有对人体健康有害的放射性元素。花岗石的使用寿命可达到几百年，多作为内外墙面、地面使用，实为当今建筑装饰材料中高档的材料之一。

（2）天然大理石

天然大理石具有独特的纹理效果。大理石是由沉积和变质的碳酸盐一类的岩石构成，质地细密、坚实，其颜色、品质和种类较丰富。大理石的优点是花纹与颜色品种多、色泽鲜艳、材质细腻、装饰效果好、抗压强度较高、吸水率低、不变形、耐久性好。其缺点是抗风化性能差，但较之花岗石不耐磨、耐风性较差，易变色。除了部分性能稳定的大理石如汉白玉、艾叶青等可以用作室外装饰材料外，磨光大理石板材一般不宜用于室外。

（3）人造石材

人造花岗石及大理石，以天然花岗石、大理石石渣为骨料，加以树脂胶结剂等，经特殊工艺加工而成，可切割成片、磨光等。人造石材按材质可分为聚脂型人造石材、水泥型人造石材、复合型人造石材、烧结型人造石材和微晶玻璃型人造石材等。它们结合了天然石材的优点，且质量、耐磨性、抗压性等方面均优于天然石材。其颜色差异小、纹理可自由设计、价格较之天然石材低，易于被人接受，故人造石材被广泛应用于公共空间装饰设计中。

3. 陶瓷装饰材料（如图 2–3–5）

图 2–3–5

陶瓷是陶器与瓷器两大类产品的总称。陶器产品分为精陶和粗陶两种。陶器产品的断面粗糙无光、不透明，有一定的吸水率，敲击声粗哑，分为有釉和无釉两种。精陶在建筑装饰材料中主要有釉面砖。瓷砖坯体密实度好，并施以釉料再高温烧制瓷化而成，其质地坚硬、耐磨性好，吸水率近于零，基本不吸水，具有半透明性，色彩美观丰富，并可抛光如镜，装饰效果极佳。建筑装饰材料中常用的陶瓷制品主要有釉面砖、外墙贴面砖、陶瓷锦砖、地面砖、玻璃制品和卫生陶瓷等。

陶瓷材料因具有上述特性，故多用于餐厅、厨房、卫生间、浴室、阳台及内外墙面和各种地面场所，易于环境清洁保养。目前，随着陶瓷工艺水平的不断提高，无论国产、合资还是进口的陶瓷砖材料，其图案式样、尺寸规格、花色品种都越来越多，广泛地为室内外场所使用。

4. 玻璃装饰材料（如图 2-3-6）

玻璃由石英砂、纯碱、石灰石与其他辅材，经 1 600℃左右高温熔化成型并经急冷而成。玻璃具有透光、透视、隔声、隔热、保温以及降低建筑结构自重的性能，运用十分广泛。依据透光性或反射性分为镜面玻璃、一般清玻璃、压花玻璃、毛面玻璃、紫外线反射玻璃、钢化玻璃、雕刻玻璃、印花玻璃、彩绘玻璃、热熔玻璃、冰片玻璃、夹丝玻璃、镀膜玻璃、异型玻璃、玻璃马赛克、玻璃空心砖、彩石玻璃等。玻璃品种很多，以下列举几种：

（1）普通平板玻璃：又称净片玻璃。是生产量最大、使用得最多，是深加工成各种技术玻璃的基础材料。

图 2-3-6

（2）安全玻璃：力学性能大，抗冲击的能力好，被冲击时，碎片不会飞出伤人，兼具有防火的作用。安全玻璃根据所用原片的品种不同，可具有一定的装饰效果。如夹层玻璃、夹丝玻璃。

（3）特种玻璃主要有压花玻璃、空心玻璃砖和玻璃锦砖。

（4）玻璃幕墙在公共空间的装饰中运用较多。玻璃幕墙是悬挂在主体建筑结构上的外墙构件，分层承载安装，靠结构胶黏结力使玻璃附着在铝合金结构框架上。

如今玻璃已由单一的采光材料使用向可隔热、减噪声、控制光量、节能、减轻建筑体量、拓展空间等多功能作用的方向发展。在公共空间的装饰设计中玻璃颇为人钟爱，是公共空间设计中极为常用的一种装饰材料。

5. 塑胶装饰材料（如图 2-3-7）

图 2-3-7

塑胶材料是以高分子合成树脂或天然树脂为主要基料，加入其他添加剂人工合成树脂、纤维素、橡胶等人工或天然高分子有机化合物构成的，经一定的高温、高压下塑制成型的弹性材料。塑胶材料可塑制成日常生活用品和室内装饰的各种物品，在常温、常压下能保持产品的形状不变，是一种具有广泛发展应用的新型装饰材料。塑胶制品的优点是质轻、装饰感较强、机械物理性能良好，在常温常压下不易变形，具有抗腐和抗电特性；但其缺点是耐热性较差、易老化。

塑胶材料类装饰产品目前在公共空间设计中应用也较为广泛，塑胶地面材料包括塑胶地砖、地板等，装饰板材中有塑胶壁板、墙脚板、塑胶浮雕板、钙塑装饰板、PVC 中空板和导管、扣板及阴阳角装饰压条、仿真有机玻璃板、人造皮革，塑料管材包括硬质聚氯乙烯管道、氯化取氯乙烯管材、芯层发泡硬聚乙烯管、聚苯乙烯管材与管件、铝塑复合管、塑复铜管等；另外还有合成塑胶材料，如自贴性塑胶装饰条、铝塑板等。

6. 涂料、胶黏剂和防水涂料（如图 2-3-8）

涂料是指能涂于物体表面并能与基体很好地黏结，在表层形成完整而坚韧的保护膜的材料。涂料具有施工易行、价格合理、使用面广的优点，无论室内室外、面积大小都可使用。它的主要成分为成膜物质（各种油类及天然树脂、合成树脂等）、颜料、稀释剂及催干固化等辅助材料。涂料一般分为油漆类、胶着剂类，防火、防水类。常用的涂料有调合漆、树脂漆、聚酯漆、磁性漆、光漆、喷漆、防腐防锈漆、水泥漆、有机和无机高分子涂料、防火防水涂料、乳胶漆等。目前市场上涂料品牌、种类繁多，用途不一，因此在设计施工中应根据具体要求来使用涂料，并注意阅读使用说明书。以下列举几种：

图 2—3—8

（1）内墙涂料

内墙涂料是水溶性涂料，又称水乳型涂料或乳胶涂料。以合成乳液为基料，以水为溶剂，加入颜（填）料和各种助剂而制成的涂料统称为乳胶漆。该类涂料以水为溶剂，安全无毒，对环境无污染，有害物质含量低。乳胶漆涂膜细腻光滑，耐擦洗，附着力好，且保色、透气，而且施工方便，更新简单。

（2）外墙涂料

外墙涂料相比其他外墙装饰材料如马赛克、面砖色彩丰富且没有坠落的危险，施工方便、更新容易。外墙涂料所处的环境相比内墙要恶劣，故其性能指标不仅要有突出的耐擦洗性、耐沾污性、耐老化性，而且要求涂膜有较高的表面强度和良好的保色性，才能对建筑物外墙起到保护和装饰作用。典型的外墙涂料有合成树脂乳液外墙涂料、合成树脂乳液砂壁外墙涂料、溶剂型外墙涂料、复层外墙涂料、无机外墙涂料。

（3）地面涂料

地面涂料施工于居室、厂房、仓库及停车场等室内地面，又叫地平涂料。它是保护和美化地面，增强地面使用功能的涂料。地面使用要求不同，对涂性能要求也不一样。目前用作地面涂料的主要有三大类：乙烯类地面涂料、环氧树脂类地面涂料、聚氨酯地面涂料。

（4）防火涂料

防火涂料是指涂装在物体表面，起着隔离火焰、推迟可燃基材着火时间、延缓火焰在物体表面传播速度或推迟结构破坏的一类涂料。防火涂料按用途可以分为钢结构用、混凝土用、木材饰面用、电缆用防等几类。

（5）防霉涂料

防霉涂料是一种能够抑制涂膜中霉菌生长的功能性建筑涂料。在潮湿的建筑物内墙面，在恒温、恒湿的车间墙面、地面、顶棚、地下工程等结构部位，特别是一些印刷品加工厂、酿造厂、制药厂等车间与库房墙面都应使用防霉涂料，并进行防霉杀菌处理。

（6）抗静电涂料

抗静电涂料又称防静电涂料。它主要应用于计算机房、电子元器件生产厂房、电视演播厅以及各种需要防静电设施的墙面、地面和台面等。它由成膜物质、导电材料、抗静电剂以及各种助剂，还有颜料、填料等成分组成。抗静电涂料有水性抗静电涂料和氨酯等溶剂型抗静电涂料。

（7）油漆

油漆的品种繁多，在居室装璜中使用的也不少，有天然漆、调和漆、清漆、磁漆（瓷漆）等。

（8）胶黏剂

在一定的条件下，能将两种物体胶结起来的物质称为胶黏剂或胶合剂。胶黏剂胶结技术在室内装饰工程中广泛使用，如墙面、地面、吊顶工程，保温保冷、管道工程以及家具制作等装修黏结方面都离不开胶黏剂。

（9）防水涂料

防水涂料有的通过在建筑物基层形成一层无接缝的防水层，有的防水涂料是通过渗进基层、堵塞毛细孔形成防水层，阻止水的渗漏而防水。防水涂料大量应用于建筑物屋面、阳台、厕浴间、游泳池、地下工程以及外墙墙面等。

7. 金属装饰材料（如图 2-3-9）

金属装饰材料的优点主要有质地坚硬、抗压承重、耐久性强、表面处理技术成熟、方法繁多、易于满足防火要求、机械性能好、耐磨耐温、不易老化、质感优异等。金属装饰材料易于保养，表面易于处理、易于成型，可按设计要求变换截面形式；有各种产品化型材，可供选用。一般金属结构材料较厚重，多作骨架，可用于如扶手、楼梯等承重抗压的结构材料；而装饰金属材料较薄，易加工处理，可制成成品或半成品装修表面美化的装饰材料。金属材料色泽突出是其最大的特点，在公共空间中的墙面、柱面、吊顶、门窗的处理中广泛使用。在设计和使用金属材料时，要注意和了解所用材料的性质，尤其是在尺寸、加工、切割、弯角、圆弧面接触点的处理时要精细。

图 2—3—9

（1）黑色金属装饰材料

黑色金属是指铁和铁的合金。如钢、生铁等，含碳量小于 2% 的称为钢。

普通钢材有工字钢、槽钢、角钢、扁钢、钢管、钢板、钢筋、钢丝、钢管、彩色钢板、不锈钢等品种等。而不锈钢材更具有现代感，主要有不锈钢镜面板、亚光板、不锈钢管、球体，各种不锈钢角、槽及加工件等。铁件有三角铁、工字铁、铸铁件、铁皮、铁板等。镀锌材有镀锌圆管、方管以及镀锌板、镀锌花管等。

（2）有色金属装饰材料

有色金属是指除黑色金属以外的金属，如金、铜、铅、锌、锡、铝等及其合金。

有色金属按密度分为两大类，即有色重金属和有色轻金属。有色重金属如金、铜、银、锡、铅、锌等。在建筑装饰中，主要使用铜及合金铜材和钛金材，其品种主要有铜钛金管、钛金镜面板、铜板、铜条以及各种钛金角、槽及加工件。有色轻金属如镁、铝、钙、钾等。因质量较轻，铝及铝合金在建筑装饰中广泛用作门窗、扶栏、幕墙、隔墙、吊顶主板等的建材。

（3）轻金属龙骨

轻金属龙骨分为轻钢龙骨和铝合金龙骨两大类，主要用于吊顶、隔断、隔墙等场合。在悬吊式顶棚中，龙骨所组成的网架体系一方面可以承受吊顶重量（在上人型吊顶时还应包括检修荷载），并将这一重量通过吊筋传递给屋顶的承重结构；另一方面它又是安装各种吊顶面板的框架。在隔断、隔墙工程中，用轻钢龙骨作骨架，施工方便，结构刚度大。

8. 无机胶凝材料（如图 2–3–10）

图 2—3—10

无机胶凝材料主要包括水泥、混凝土和石膏材料。

水泥是是一种水硬性胶凝材料，呈粉末状，与水拌和成浆状，经过物理、化学变化过程，加水拌和后形成的可塑性浆体，不但能在空气中硬化，也能在水中硬化，保持并发展其强度。公共空间的装饰材料离不开水泥，一方面，水泥用于各种装饰的基底处理和材料胶结；另一方面，还可以制成丰富多彩的水泥装饰制品。

水泥中加入骨材，就会凝固成坚硬而抗压的混凝土。需承重承压时，在混凝土中加入具抗拉力的钢筋，则成了钢筋混凝土。混凝土外观色泽灰暗、呆板、不明快，而装饰混凝土是在预制或浇混凝土的同时，不仅成本低，而且耐久性高。利用新拌混凝土的塑性可在立面上形成各种线型，利用组成材料中的粗、细骨料，表面加工成露骨料，可获得不同的质感。如在白水泥中掺加颜料则可制成具有各种色彩的彩色水泥。水泥、混凝土还可以通过一定的工艺手段处理，如彩色水泥粉刷、表面刮饰，水泥发泡造型塑造，表面水泥拉毛、洗石子、水磨石子、斩石子等来收到意想不到的装饰效果。在装饰工程中使用水泥时，水泥的性能和强度等级不同，其用途也有所不同。常用的有普通硅酸盐水泥、彩色水泥、白水泥、加气水泥、超细密水泥等。

另外在建筑装饰中，建筑石膏和石灰使用也比较广泛。石膏板是以熟石膏为主要原料，加入适当添加剂与纤维制成，具有质轻、绝热、吸声、不燃和可锯可钉等性能。石膏板与轻钢龙骨的结合，就构成了轻钢龙骨石膏板体系。石膏板种类有纸面石膏、装饰石膏板、纤维石膏板、空心石膏墙板等。

9. 墙体、吊顶材料（如图 2-3-11）

图 2—3—11

墙体、吊顶材料包括砖材、瓦材、砌块和一些吊顶用的装饰材料。

（1）砖材

砖材因具有承重、隔声、隔燃、防水火等作用，在公共空间设计中主要在一些隔断、花台或基座中被使用。砖材除可满足基本承重功能外，因其材质朴拙、厚重、自然感强而具有较强的装饰效果，多以明露的方式在一些特殊装饰部位使用。

（2）瓦材

瓦材与砖一样，主要以黏土、水泥、砂为骨料加上其他特殊材料，按一定比例搅和，为增加色彩种类可加入色粉，由模具铸形，用人工或机械高压成型，再窑烧完成。瓦材原来主要用于门檐庭院，除可满足阻水、泄水、保温隔热、保护房屋内部不受雨淋外，在公共室内空间也可作为特殊的装饰。有在现代中求传统，传统中求现代的意味。瓦材除琉璃瓦外，还有黏土平瓦、水泥瓦、红瓦、小青瓦、筒瓦、背瓦、石棉瓦等。

（3）吊顶材料

吊顶材料包括一些珍珠岩装饰吸声板、金属装饰板铝金属装饰板。其特点一般为质量轻，为 $3kg/m^3$ 左右，安装方便，施工速度快，如铝金属装饰板吊顶是成品安装，不需另作其他装饰；铝金属装饰板，吊顶是金铝合金装饰板，包括合金板条、铝合金方板两种。

“T”形铝为较早的一种铝材龙骨架。烤漆龙骨由薄铁片卷压而成，表面再经过烤漆处理，其强度和美饰作用都优于“T”形铝材。这两种复合材料都可以与成型的矿棉板、玻璃棉等配套使用，主要用于吊顶，其施工简单易行。

矿棉板是以无毒性的矿物质纤维为原料制成。玻璃棉是一种无机纤维材料，无毒性，掺入硬化树脂经压制成形。矿棉板和玻璃棉均具有优良的防火隔热和吸声效果，材质都很轻。在室内设计中被大量用于大面积的室内吊顶。其方式有明龙骨吊顶和暗龙骨吊顶。其效果大方、高雅。

图 2-3-12

10. 轻质装饰材料（如图 2-3-12）

轻质装饰材料，主要是指有其特殊的质感，给人一种亲切悦目的感受，能创造出温馨的生活环境的装饰材料，如软木竹藤、墙纸（布）、地毯、皮革、装饰织物等。

（1）壁纸

壁纸的优点是质感较温暖柔和、典雅舒适、价格适宜、色彩变化多样、色泽一致、施工方便易行、可清洗、图案花色多。除一般壁纸外，还有更多特殊效果的壁纸，如仿石材、木纹砖材等仿真壁纸。常用的壁纸有：纸基壁纸、普通壁纸、纺织壁纸、天然材料壁纸、塑胶壁纸、布帛金箔壁纸、绒质壁纸、泡棉壁纸、仿真系列壁纸、特种塑料壁纸等。

（2）地毯

地毯作为地面装饰材料，覆盖面积较大，具有温暖感，其色彩、图案、质感都对室内环境的气氛、格调、意境的营造有很大作用。地毯具有保温、隔热、吸声、弹性好、挡风、吸尘、脚感舒适、铺设施工简单等优点。地毯因编织方式不同，可分为有毛圈的和无毛圈的两类；因材质的不同可分为纯毛地毯、混纺地毯、化纤地毯、塑料地毯、草编地毯。地毯是世界通用的地面装饰材料，在公共空间的装饰中被广泛地应用。

（3）装饰织物

在公共空间中，装饰织物是重要的装饰材料。室内装饰织物包括窗帘、沙发面料、床单、台布、地毯、挂毯、沙发蒙面等。装饰织物在室内设计中可以增强室内空间的艺术性，能烘托室内气氛、点缀环境。织物的艺术感染力主要取决于材料的质感、色彩、图案、纹理等因素的综合效果。装饰织物的制作材料主要为毛、棉、麻、纱、丝、人造纤维等原材料。

11. 其他复合材料

装饰板贴面类所指范围较广，包括现在市面上常用的各种饰面板材，如防火板、富丽板、宝丽板、木皮类板、美铝曲板、冲孔铝板、亚光暗纹不锈钢板等，其特点是耐湿、耐热、耐腐蚀，优于油漆面处理。特别是各种防火板，质地坚硬，有较强的防热耐磨、耐腐之功效。装饰板贴面类花色品种很多，除了各种美观大方的装饰图案外，还有仿各种名贵树种纹理，仿天然花岗石、大理石纹理、仿皮革、草竹及纺织花纹等。同时，这类装饰贴面板表面都很光滑平整，极易清洗，施工也方便，不易变化、使用期长，是较理想的现代装饰面材，主要用于各种场所的墙面、脚板装饰，也可用于顶棚和家具等。

2.3.3 公共空间设计材料的选择（如图 2-3-13）

1. 材料的技术性能

公共空间装饰材料选择的原则是装饰效果好并且耐久、经济。对装饰材料的掌握，主要还得信赖产品的技术性能。技术性能主要有以个几个方面：

（1）表观密度

表观密度是材料在自然状态下单位静观体积内的质量，俗称容重。

（2）孔隙率

孔隙率是材料结构内孔隙所占体积与总体积（表观体积）之比。

（3）强度

强度是反映材料在受到外力作用时抵抗破坏的能力。

（4）硬度

硬度是指材料表面的坚硬程度。

（5）耐磨性

耐磨性是材料表面抵抗磨损的能力。

图 2–3–13

（6）吸水率

吸水率所反映的是材料能在水中（或能在直接与液态的水接触时）吸水的性质。

（7）孔隙水饱和系数

材料内部孔隙被水充满的程度，即材料的孔隙水饱和系数，是用以反映和判断材料的其他性能的一个极为有用的参数。

（8）含水率

含水率是具体反映材料吸湿性大小的一项指标。

（9）软化系数

材料耐水性能的好坏，通常用软化系数来表示。

（10）导热系数

当材料的两个表面存在温度差时，热量从材料的一面通过材料传至另一面的性质，通常用导热系数来表示。

（11）辐射指数

辐射指数所反映的是材料的放射性强度。

（12）耐火性

耐火性是指材料抵抗高热或火的作用，保持其原有性质的能力。

（13）耐久性

耐久性是材料长期抵抗各种内、外破坏腐蚀介质的作用，保持其原有性质的能力。

2. 材料在各界面的使用要求

（1）吊顶材料的选择

天棚是室内空间的顶界面，是室内空间中最大的、未经占用的界面，与人直接接触较少，也不是人们的视觉注意中心，但是长期存在于人们头顶上，是人们心理意识存在的地方，在造型和材质的选择上可以相对自由。建筑结构对天棚制约较大，吊顶处理时要考虑天棚是各种灯具、设备相对集中的地方。

在吊顶的材料设计中，应特别考虑到材料对人的心理所产生的不同感受。如用纺织物作吊顶材料时，有温柔、轻盈之感；用木板类材料时，有自然、质朴、轻松的效果；用透明的玻璃材料作吊顶时，会使人感觉置身室外，将自己融合于大自然之中，令人亲切自然、精神爽畅。

吊顶选材时要考虑以下几种因素：材料的使用要以保证使用的安全性、光线反射和照度均匀以及对室内光线的影响。另外要注意防火的要求，吊顶上电气设备和线路要敷设，天花是有火灾隐患的危险部位，尤其是装饰天花采用了木材、合成材料、油漆等易燃材料，就要求进行防火处理（浸泡或刷防火涂料）。还有使用的材料的重量要求，并不是说天花的重量越轻越好，空气负压和空气对流对轻质天花有可能带来破坏，如有可能造成局部掀起、破裂，或者是整体失稳。对于声学空间，天花是一个非常重要的声学界面。并且吊顶不是人们常接触的部位，在选择材料时要使用容易清洁，不容易滋生虫蚁和细菌、尘埃不易附着的材料，以便清扫。

（2）地面材料的选择

地面室内空间是与人体接触最紧密、使用最频繁的部位，因为地面是室内空间的基础平面，地面需要支撑人体、家具及其他室内设施设备等的重量，并能承载人在上面活动或者一些机器设备的移动，所以在设计中要特别考虑地面的舒适性、安全性。

地面材料对人的感觉是人的肌肤对其材料的物理性所作出的反应，例如当脚触及地毯时，由于地毯的弹性使人感到柔软和温暖；而脚踩花岗石地面时却使人获得一种安全、踏实、厚重的感觉。

地面选材时要考虑到地面是受到最大的磨损和灰尘污染的地方，也要综合考虑地某些地方（如楼梯浴厕等）设计表面材料时，除了其舒适性外，还应考虑到安全性，以防止滑倒摔伤。地面的选材和构造必须坚实和耐久，必须能经受持续的磨损、磕碰及撞击，还要具有易维护、耐久性、抗污性、明亮度、防火性、防水性、保暖、隔音、防静电以及耐酸碱、防腐蚀和防滑性等特点。

（3）立面材料的选择

立面是室内环境的四壁，是室内外空间的侧界面，也称垂直界面，它垂直于地面，也垂直于人的视平线，是人们视觉和触觉所及面积最大的重要部位。立面是空间界面中最积极的因素，能够分隔、围合空间，除具有遮风挡雨、保温隔热、承担结构荷载的功能外，还可以用来控制房间的大小及形状，限制人的行动。

立面为人们在视觉上、听觉上为室内空间提供围护感和私密性，立面的窗门洞还能使空间产生延续，使人、光线、热量和声音通过，让空间能正常使用并采光和通风。立面装饰材料的设计，往往是决定人们视觉感受的一个重要因素，其材料的软硬度、表面的粗糙与平滑、色彩的深浅、图案的大小、纹理以及与家具设施的配合均构成室内视觉的中心，形成一种氛围印象。立面材料的设计，应充分考虑人们视觉的舒适性。另外，在其功能上是较易受到损伤的部位，还应考虑到表面材料的耐久性。

立面选材时要考虑以下的几种因素：围合程度、光线特征、耐久性、吸声、隔音、保温隔热等。

3. 材料与使用界面（表 2-3-1）

表 2-3-1

类别（材料）	材料名称
地面装饰材料	天然石材（大理石、花岗石） 人造石材（水泥花砖、水磨石、玻化砖） 地砖、缸砖、锦砖 木地板 复合地板、软木地板 塑胶地板（包括橡胶地板） 地毯（羊毛、化纤类） 地面涂料 玻璃 金属
内墙装饰材料	人造石材（包括陶瓷釉面砖） 天然石材（大理石、花岗石、青板石） 地砖、缸砖、锦砖 木护墙板（包括复合木护墙板） 内墙涂料、油漆类 墙纸与墙布 织物类（包括皮革类） 微薄木贴面装饰板（包括防火板类）、软木 金属板材（浮雕铜、不锈钢等艺术装饰板） 玻璃制品 石膏
外墙装饰材料	天然石材（花岗石、大理石、青板石） 人造石材 外墙砖（包括玻璃砖、陶瓷锦砖） 玻璃制品（吸热玻璃、幕墙玻璃、中空玻璃等） 白水泥、彩色水泥与黄砂、小石子 金属面材（铝合金、不锈钢、彩色钢板等） 外墙涂料（各种耐水丙烯酸酯类）
天棚装饰材料	金属吊顶材料（轻钢吊顶材料、铝合金天棚材料） 塑料吊顶材料（PVC 扣板、钙塑板等） 竹、木吊顶材料 织物、墙纸装饰天棚板 玻璃钢吊顶装饰板 石棉装饰板、石膏装饰板 石膏装饰线条 天棚涂料、油漆类 彩绘玻璃吊顶类 软膜天花

2.4 公共空间设计光环境

光对于人的视觉极为重要，没有光就看不到一切，室内外的所有景色、装饰及陈设都将会黯淡无光。对于公共空间来说有两种光，一种是通过门、窗等位置照射进来的自然光；另一种是人工光，是指运用各种灯具对室内环境进行照明的一种方法。人工光由于可以人为地加以调节和选用，所以在应用上比自然光更为灵活。公共空间良好的光环境的营造，主要目的是创造功能合理、舒适、美观、安全、健康且符合人的物质和心理需求的室内环境（如图 2-4-1）。

图 2-4-1

2.4.1 公共空间设计室内光环境的营造

光不仅可以满足人们照明的需要，还可以起到构成空间、改变空间、美化空间或破坏空间的作用。光可以直接影响物体的视觉大小、形状、质感受和色彩，同时还可以表现和营造室内环境的气氛。

1. 舒适的视觉条件

适当的光线量分布可以产生平衡和韵律的感觉，就像自然光线给人所带来平静、舒适的感受一样。这种光线可以使人很容易地适应环境，提供视觉上的舒适性。

正常人每天 80% 以上的外界信息是通过视觉器官来接收的。因此，创造优良的光环境，必将有利于人们获得更多、更准确的信息。优良的光环境有利地保护我们的视觉器官——眼睛的同时，还能通过照度的改变和眩光的控制创造出合理的照度及光色，提高人们的生活质量和工作效率，减少因过强的眩光而分散人的注意力。

2. 良好的空间氛围

明亮且焦点集中的光线会使人感到中心感和被重视感，可能会使人提高自我，也有可能使人感到不安和不适。因为明亮的光线对人具有刺激性和吸引力，但是如果过度使用会使人出现心理和生理上产生厌倦感和困扰情绪。晦暗的灯光令人感到松弛、平静、亲密且浪漫，但灯光过度的晦暗可能使人感受到抑郁、惊恐或不安。透光的孔洞、窗户、某些构件、陈设、植物等，在特定光线的照射下，能够出现富有魅力的阴影投射到地面、墙面，或组成有韵律的图像，能够大大地丰富空间的层次，烘托氛围，使空间更具活力。

室内环境因空间功能性质的不同，审美要求也就不同，而良好的照明设计能烘托出良好的空间氛围和意境。

3. 合理组织空间

灯光可以形成各种的虚拟空间。照明方式、灯具类型的不同，可以使区域能够具有相对的独立性，能够成为若干个虚拟空间。还可以在一定程度上改善空间感，如直接照明使空间显得平和、亲切、紧凑，间接照明使空间显得神秘、幽静；暖色灯光使空间具有温暖感，冷色灯光使空间具有凉爽感。另外，灯光还能起导向作用，通过灯光的设置，把人们的注意力引向既定的目标或既定的路线上，照明的良好设计就能合理地组织空间。

4. 体现地域特色

不同国家、不同地域、不同时期的灯具都有各自的特点，因此，通过灯具的具体形状，还可以具体地体现出室内环境的民族性、地域性和时代性。如中国的宫灯具、欧洲古典枝形吊灯等都是体现地域特色中不可多得的元素。

5. 塑造立体感

用灯光来塑造立体感，在橱窗、商业、展览等展示场合用得较多。巧妙地、合理地利用阴影，表现立体感，使展品栩栩如生、更富魅力、更具吸引力。

6. 表现质感

合理地搭配灯光可表现不同材质物体所具有的不同质感。如金属及玻璃制品、宝石、各种肌理的墙布、室内织物、木制品以及陶瓷制品等。

2.4.2 公共空间设计中的人工照明

灯具是室内环境中人工照明主要使用的设备，除了有使用价值外，也有重要的装饰价值，更重要的是能影响人的心理感受。所以它既是人工照明的必需品，又是创造优美的室内氛围所不可缺少的设备。人们在工作、学习、休息、娱乐等各种环境中，照明灯具的类型各式各样，对光、色、形、质的要求也是各有不同。灯具随着新技术新材料发展的日新月异，现代化的灯具千变万化、花色繁多（如图 2-4-2）。

1. 照明设计基本知识

（1）照度

照度是指物体被照亮的程度，是根据单位面积上所接受的光通量，反映被照物的照明水平，单位为勒克斯（Lx）。

照度水平一般作为照明质量最基本的技术指标之一。

（2）亮度

亮度是人对光的强度感受，是一种主观评价和感受，指的是发光体（反光体）表面发光（反光）单位面积上的发光（反光）强度，反映光源或物体的明亮程度。

室内的亮度分布是由照度分布和表面反射率所决定的。

图 2-4-2

（3）光色

光色是指光的颜色，可用色温（单位：K）来描述。

光色能够影响环境的气氛，如含红光较多的“暖”色光（低色温）能使环境有温暖感；含“冷”色光较多的（高色温）环境，能使人感到凉爽等。

正常状况下选择光源的色温时，应该照度高时，色温也要高；照度低时，色温也要低。否则，照度高而色温低，会使人感闷热、窒息；照度低而色温高，会使人感到惨淡、阴森、恐怖。

（4）显色性

光源的显色性是指光源显现物体颜色的程度，也指照明光对所照射物体或环境色彩的影响作用，用显色指数（*Ra*）表示。

Ra 的最大值为 100，值越高，表示显色性越好。常用光源中，白炽灯 *Ra* 约为 97，白色荧光灯 *Ra* 为 55~85，日光色荧光灯 *Ra* 为 75~94。

（5）发光效率

发光效率是指光源将电能转换为可见光的能力。

2. 光源的形式

（1）白炽灯

白炽灯即常说的灯泡，是利用钨丝通电加热到白炽状态，利用热辐射而发光的。白炽灯色温较低，光色偏暖，色光最接近于太阳光色，易为人们所接受。它的优点是体积小、价格便宜、功率规格多、易于控光，可用多种灯罩加以装饰，并可采用定向、散射、漫射等方式。白炽灯的主要缺点是发光效率低、寿命短、电能消耗大、产生热量大、维护费用高。

（2）荧光灯

荧光灯又称低压水银荧光灯，属一种低压放电灯，是利用管壁荧光粉受紫外线激发而发光。荧光灯的光色有自然光色、白色和温白色三种。荧光灯发光效率高，其寿命为白炽灯的10~15倍，光线柔和，发热量较少。荧光灯不仅节约电，而且可节省更换费用。其缺点是光色偏冷，灯具较大，容易使景物显得单调、呆板，缺乏层次和立体感。

常用的荧光灯都有镇流器，分电子的和电感的，电子镇流器具有起动电压小、噪声小、温度低、重量轻、无频闪等优点，且比电感镇流器节电10%以上。

（3）氖管灯（霓虹灯）

霓虹灯又称氖管灯，多用于商业照明和艺术照明。霓虹灯的色彩变化是由管内的荧粉涂层和充满管内的各种混合惰性气体引起的。霓虹灯需要用镇流器控制电压，耗电量大，但很耐用。

3. 灯具的形式（如图2-4-3）

图2-4-3

（1）吊灯

吊灯是用吊线或导管将光源固定在天棚上的悬挂照明灯具。吊灯占用空间高度多，常用于高度较大的空间中。吊灯悬挂于室内上空，它具有普照性，能使地面、墙面及顶棚都能得到整体均匀的照明。吊灯较其他灯具体积大，多用于整体照明，有些吊灯也用于局部照明。吊灯因为多安装于室内空间的中心位置，是引人注目的自发光物体，又具有很强的装饰性，所以它的造型和艺术形式在某种意义上就决定了整个空间环境的艺术风格。

（2）吸顶灯

吸顶灯是直接吸附在顶棚上的一种灯具，占用空间高度少，常用于高度较小的空间中。

吸顶灯光源包括带罩和不带罩的白炽灯以及有罩无罩的荧光灯。灯罩的形式多种多样，有方、圆、长方，有凸出于天棚外的凸出形，嵌入到天棚内的嵌入型等多种。

吸顶灯在使用功能及特性上与吊灯基本相同，只是形式上有所区别。吸顶灯具有广普照明性，可做一般照明使用。

（3）壁灯

壁灯是安装在墙壁上的灯具，分贴壁灯和悬壁灯。壁灯也具有一定的实用性，如在室内局部其他灯具无法满足照明时，使用壁灯是不错的选择。壁灯也具有极强的装饰性，不仅通过灯具自身的造型产生装饰作用，同时灯具所产生出的光线也可以起到装饰作用。另外，它与其他照明灯具配合使用，可以起到补充照明、丰富室内光环境、增强空间层次感，营造特殊的氛围的作用。壁灯品种繁多、千姿百态，可任意选配。

（4）台灯

台灯是放在家具上的有座灯具，常放在书桌、茶几、床头柜上。台灯属于局部照明的灯具，主要作为功能性照明，往往兼具有装饰性。台灯有多数情况下是可以移动的，同时还可以作为一种气氛照明或一般照明的补充照明。

（5）立灯

立灯也称落地灯，一般是以某种支撑物来支撑光源，从而形成统一的整体，可以放在地上，并可根据需要而移动。立灯属于局部照明，多数立灯可以调节自身的高度和投光角度，很容易控制投光方向和范围，常放在沙发边上。立灯的式样有直杆式、抛物线式、摇臂式、杠杆式等。立灯在一般情况下主要作为功能性照明和补充照明使用，兼具有装饰性。

（6）镶嵌灯

镶嵌灯是镶嵌在天棚上或有装饰造型上的灯具，其下表面与顶棚的下表面基本相平，如筒灯、牛眼灯等。镶嵌灯不占空间高度，属于局部、定向式照明灯具，光线较集中、明暗对比强烈、主题突出。嵌入式灯具的优点是它与天棚或装饰的整体统一与完美结合，不会破坏吊顶艺术设计的完美统一。嵌入式灯具的光源嵌入天棚或饰内部而不外露，所以不易产生眩光。

（7）投光灯

投光灯是能够把灯光集中照射到被照物体上的灯具，属于局部照明。投光灯一般分为两种：一种为固定灯座的投光灯；另一种为有轨道的投光灯。投光灯可以凸显被照物的地位，强调它们的质感和颜色，增加环境的层次感和丰富性。投光灯光线较集中，明暗对比强烈。一方面被照物体更加突出、引人注意；另一方面未照射区域能得到相对比较安静的环境气氛。

（8）特种灯具

特种灯具是各种专门用途的照明灯具，可分为观演类专用灯具和娱乐专用灯具。观演类专用灯具一般用于大型会议室、报告厅、剧场等，如专用于耳光、面光、台口灯光等布光用聚光灯、散光灯（或泛光灯），舞台上做艺术造型用的回光灯、追光灯，舞台天幕的泛光灯，台唇处的脚光灯，制造天幕大幅背景的投影幻灯等。娱乐专用灯具一般用作舞厅、卡拉OK厅或文艺晚会演出专用的转灯（单头或多头）、光束灯、流星灯等。

图 2-4-4

（9）实用性灯具

实用性灯具有实用性，如衣柜灯、浴厕灯、镜前灯、标志灯等。

4. 照明的方式（如图 2-4-4）

（1）一般照明

一般照明也叫整体照明，是指大空间内全面的、基本的照明，特点是光线分布均匀，空间场所显得宽敞明亮。一般照明是最基本的照明方式，一般选用比较均匀的、全面的照明灯具。

（2）局部照明

局部照明也叫重点照明，是专门为某个局部设置的照明。它对主要场所和对象进行重点投光，光线相对集中，还能形成一定的气氛；亮度与周围空间的基本照明相配合。常使用方向性强的灯并利用色光来加强被照射物表面的光泽、立体感和质感，其亮度是基本照明的 3~5 倍。

（3）混合照明

一般照明和局部照明相结合就是混合照明。混合照明就是在一般照明的基础上，为需要提供更多光照的区域或景物增设来强调它们的照明。混合照明应用广泛。

（4）装饰照明

装饰照明是以装饰为目的的照明，其主要目的不是提供照度，而是增加环境的装饰性、增强空间层次、制造环境气氛。装饰照明可选用装饰吊灯、壁灯、挂灯，也可以选用 LED 灯、霓虹灯等，能够组成多种图案、显示多种颜色，甚至能够闪烁和跳动。使用装饰灯具时注意效果设置要繁华而不杂乱，并能渲染室内环境气氛，以更好地表现具有强烈个性的空间艺术。

（5）标志照明

标志照明主要目的不是提供照度，而是为使用者提供方便，具有明显指示或提示作用的灯具，一般常用于大型公共空间中。常在出入口、电梯口、疏散通道、观众座席以及问询、寄存、餐饮、医疗、洗手间等处设置灯箱，用通用的图例和文字表示方向或功能的灯箱就属标志照明。另外，对人们的行为有特殊要求的，如禁止吸烟、禁止通行、禁止触摸等提示灯箱，也属于标志照明。标志照明应该醒目、美观，还要尽可能使用通用的文字、图案和颜色。

（6）安全照明

安全照明是一种用于光线较暗区域的照明，目的是以微弱的光线在不刺激使用者眼睛的情况下提供一定提示，如电影院观众厅走道区域的地脚灯、宾馆客房走廊靠近踢脚的地脚灯等。

（7）应急照明

应急照明是在正常照明电源中断时临时启动的照明，主要用于商店、影院、剧场、医院、展馆等公共空间中的疏散通道及楼梯等。

5. 灯具的散光方式

（1）直接照明

直接照明的特点是全部或 90% 以上的灯光直接照射被照物体。其优点是光的工作效率很高，亮度大、立体感强，常用于公共大厅或局部照明。灯具下端开口的吸顶灯、吊灯、筒灯和台灯等皆属于这种类型。

（2）间接照明

间接照明是因光源遮蔽而产生的照明方式，先照到墙面或天花，再反射到被照物体上。通常和其他照明方式配合使用取得特殊的艺术效果。其优点是光线柔和，没有明显的阴影，常用于暗设的灯槽属这一类。灯具上端开口的壁灯、落地灯和吊灯等都属于间接照明。

（3）漫射照明

漫射照明是利用灯具的折射功能来控制光线的眩光，将光线向四周扩散漫射。其特点是射到上、下、左、右各个方向的灯光大体相等，光线柔和、视觉舒适，半透明的球形玻璃灯属于这类。灯具采用乳白散光球罩的吸顶灯、吊灯和台灯等皆属于这种类型。

（4）半直接照明

半直接照明特点是 60%~90% 的灯光直接照射被照物。灯具光源下方是用半透明的玻璃、塑料、纸等做成灯罩。被罩光线又经半透明灯罩扩散而上漫射，其光线比较柔和，剩余的发射光通量是向上的，通过反射作用于被照射物体上。半直接的照明方式在满足照度的同时，也能使周围空间有一定的照明。光环境明暗对比不是很强烈，但主次分明，总体环境是柔和的。灯具灯罩上端开口较小而下端开口较大的吊灯和台灯等皆属于这种类型。

（5）半间接照明

半间接照明的特点与半直接照明相反，半透明的灯罩在光源的下部，即 60%~90% 的灯光首先照射在墙面或顶棚上，只有小于一半的光直接照射在被照物体上。半间接照明能产生比较特殊的照明效果，使较低矮的房间有增高的感觉。灯罩上端开口较大而下端开口较小的壁灯、吊灯以及檐板采光等即属于这种类型。

2.4.3 公共空间设计自然光环境的营造

我们知道没有光就没有一切，光不仅给予我们生机，同时为我们创造了五彩的世界。人类最早赖以生存的环境光源就只有自然光。早上当太阳升起时，人们仰赖太阳这个自然光源，自然光就可以满足光照的需求。在不同的光源色的影响下，室内陈设物所反映出的色彩是不同的。人工光源为我们塑造不同需求的室内氛围提供了很好的便利手段，但是自然光作为一个重要的光源，它随着时间的变化而产生光线的变化，如果对自然光线运用得当，就可以使整个室内空间的氛围达到淋漓尽致的效果，很多的建筑大师都不乏这种传世名作（如图 2–4–5）。

图 2—4—5

1. 营造自然光环境的作用

自然光在室内可以营造成一个光环境，满足人们视觉工作的需要。从装饰角度讲，自然光除了可以满足采光功能之外，还要满足美观和艺术上的要求，这两方面是相辅相成的。

（1）界定空间

在公共空间中，界定空间的方法多种多样，自然光可以作为界定空间的方式之一。在不同的时间、不同的区域中自然光线具一定的独立性，可达到构建虚拟空间的目的。

（2）改善空间感

自然光线的强弱与色彩等的不同均可以明显地影响人们的空间感。例如，当日照充足的中午，自然光线直射时，由于亮度较大，较为耀眼，给人以明亮、紧凑感。自然光线略有不足之地，光线照射墙面之后再反射回来，会使空间显得较为宽广。自然光线会给室内增添不同于人工光线的感觉，柔和的自然光线会给人安静、温暖的氛围。在较低的空间中，自然光线的引入，会使空间有高耸感。在空荡、平淡的空间中，自然光线的引入，光影的变幻会使空间灵动与活泼。自然光线在不同时间、不同角度的照射会给人以不同的空间感。

（3）烘托环境气氛

合适的自然光线引入公共空间，不仅能起到节约能源、绿色环保的作用，还能使各个界面上照度均匀，光线射向适当，无眩光阴影，方便、安全，光线不造作、美观、与建筑协调。利用自然光的变化及分布来创造各种视觉环境，可以加强室内空间的氛围；利用自然的光与影可以创造出一个完整的建筑室内外的艺术作品，产生特殊的格调并加深层次感，使室内气氛宁静而不喧闹。

2. 营造自然光环境的方法

自然光线给人的视觉印象来自于空间光和影的分布。任何物体的形状显示和主体感都取决于光照条件。不同的建筑构图，多元化的建筑风格，必然对照明空间光线分布的选择产生不同的影响。与建筑室内空间形式相一致的自然光设计布置方式，更能突出建筑空间的深度与层次，加深建筑空间给人的感受。如餐厅、咖啡厅等室内空间的自然光环境亮度应适当设计得低，这是因为需要考虑到对人们心理上的影响。高亮度使人兴奋和活跃，低亮度使人轻松和惬意。因此对自然光线的使用，合理的亮度及其分布应视其类别而定。自助餐厅或快餐店，自然光环境设计应考虑在自然光的较高亮度，使人们注意力集中在餐桌上，以达到快速服务和快速流通的目的。一般在快餐厅采用落地玻璃，视觉上是一个适宜的自然背景，且又能引入自然的光线，使整个房间又可形成悦目远景，使室内外环境融为一体，达到扩大室内空间的效果的目的。

（1）视不同的活动或工作需要，对自然光环境照度应合理配置，以创造良好的视觉生理环境。

（2）避免眩光、强光和相差悬殊的亮度比，防止视觉疲劳和不良的视觉心理效果。

（3）自然光环境要能反映出室内结构的轮廓、空间层次和室内家具及装饰物的立体感。

（4）利用自然光环境传递特殊的装饰风格，显现出织物或建筑材料的表面纹理，表现出室内装饰和室内色彩的美感。

2.5 公共空间设计与人体工程学

人体工程学，也称人类工程学、人间工学或工效学。人体工程学是研究人在某种工作环境中的解剖学、生理学和心理学等方面的各种因素，研究“人 – 机 – 环境”系统中人与机器和环境三大要素之间的关系、“人 – 机 – 环境”系统中人的最大效能的发挥以及人的健康问题提供理论数据和实施方法。

人体工程学应用到环境艺术设计中，其含义为：以人为主体，运用人体测量、生理和心理计测等手段和方法，研究人体结构功能、心理、力学等方面与室内环境之间的合理协调关系，以适应人类的活动要求，取得最佳的使用效能。其目标是使人在室内环境中能安全、高效、舒适地工作和生活（如图 2–5–1）。

图 2–5–1

2.5.1 公共空间设计与人体工程学

1. 人体工程学与公共空间的关系

人体工程学在公共空间中的作用有以下几点：

（1）为确定人在室内空间活动范围提供依据

根据人体工程学中的有关计测数据，它能从人的尺度、动作域和心理空间等方面为确定空间范围提供依据。

（2）为确定家具、设施形体、尺度及使用范围的设计提供依据

家具、设施设计都是为人所使用，因此它们的形体、尺度必须以人体尺度为标准。人体工程学解决人们为了使用这些家具和设施，必须留有的活动和使用的最小空间的问题。

（3）提供适应人体的室内物理环境的最佳参数

室内物理环境主要包括室内热环境、声环境、重力环境和辐射环境等。室内物理环境参数帮助设计师做出合理的、正确的设计方案。

（4）为感觉器官的适应能力的计测提供依据

通过对视觉、听觉、嗅觉和触觉的研究，人体工程学通过计测得到的数据，能为室内的色彩设计、照明设计、室内空间环境设计等提供依据。

2. 人体基本尺度

确定空间大小、形状的因素较多，但是最主要的因素是人的活动范围，此外还包括家具设备的数量和尺寸。而人体空间构成包括以下三个方面的内容：

（1）人体构造

与人体工程学关系最紧密的是运动系统中的骨骼、关节和肌肉，这三部分在神经系统支配下，使人体完成一系列的运动。骨骼由颅骨、躯干骨、四肢骨三部分组成，脊柱可完成多种运动，是人体的支柱，关节起到骨骼之间连接的作用，肌肉中的骨骼受神经系统指挥收缩或舒张，协调人体各个部分的动作（如图 2–5–2、图 2–5–3）。

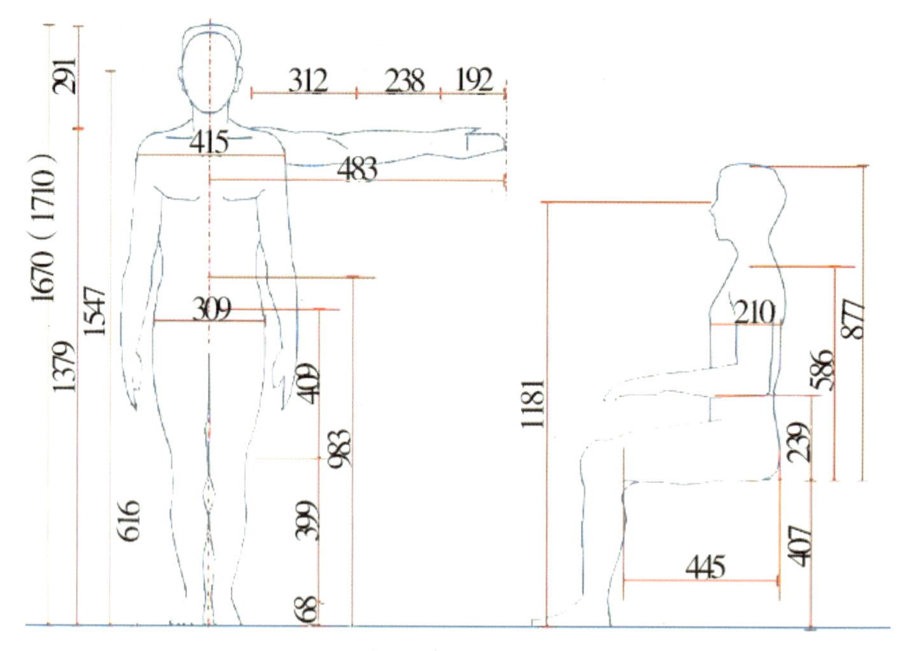

图 2–5–2　中国男性人体尺（单位：mm）

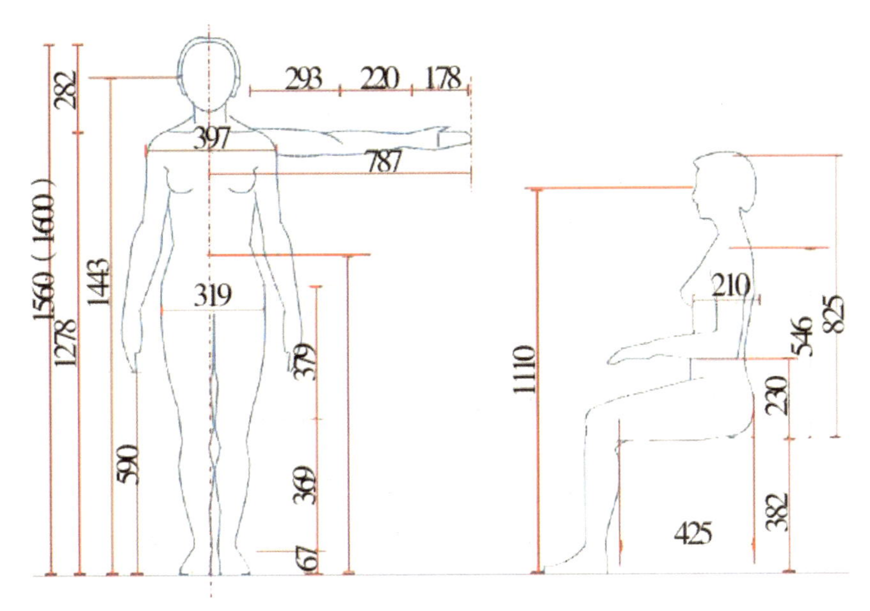

图 2–5–3　中国女性人体尺寸（单位：mm）

我国不同地区的人体的各部分平均尺寸如表 2–5–1（单位：mm）。

表 2–5–1

编号	部位	较高人体地区（冀、鲁、辽）		中等人体地区（长江三角洲）		较低人体地区（四川）	
		男	女	男	女	男	女
1	身高	1 690	1 580	1 670	1 560	1 630	1 530
2	最大人体宽度	520	487	515	482	510	477
3	立正时眼高	1 573	1 474	1547	1 443	1 512	1 420
4	肩宽	420	387	415	397	414	386
5	两肘宽	515	482	510	477	505	472
6	小腿高度	397	373	392	369	301	365
7	臀部至膝腿部长度	415	395	409	379	403	378
8	臀部至膝盖长度	450	435	445	425	443	422
9	正常坐高	893	846	877	825	850	793
10	肘高	243	240	239	230	220	216
11	坐正时眼高	1 203	1 140	1181	1 110	1 144	1 078
12	大腿厚度	150	135	145	130	140	125
13	臀部至足尖长度	450	435	445	425	443	422
14	手臂平伸最大距离	848	792	843	787	838	782
15	侧向手握距离	784	693	743	687	738	682
16	臀部宽度	307	307	309	319	311	320

（2）人体尺寸

人体尺寸是人体工程学研究的最基本的数据之一。这个尺寸即人体在静态时所量取的尺寸，这个尺寸因国家、种族和性别的不同而不同，例如欧洲与亚洲人的身高具有明显的差异。图 2–5–3 所示分别为中国男性及女性人体尺寸。

功能尺寸是指人在室内各种工作和生活活动范围大小的尺寸，是动态的人体状态下测量出的数据，是人活动时肢体所能达到的空间范围。

功能尺寸进行设计时，应该考虑使用人的年龄和性别差异，以及对大多数人的适宜尺寸，并以安全性作为前提（如图 2–5–4）。

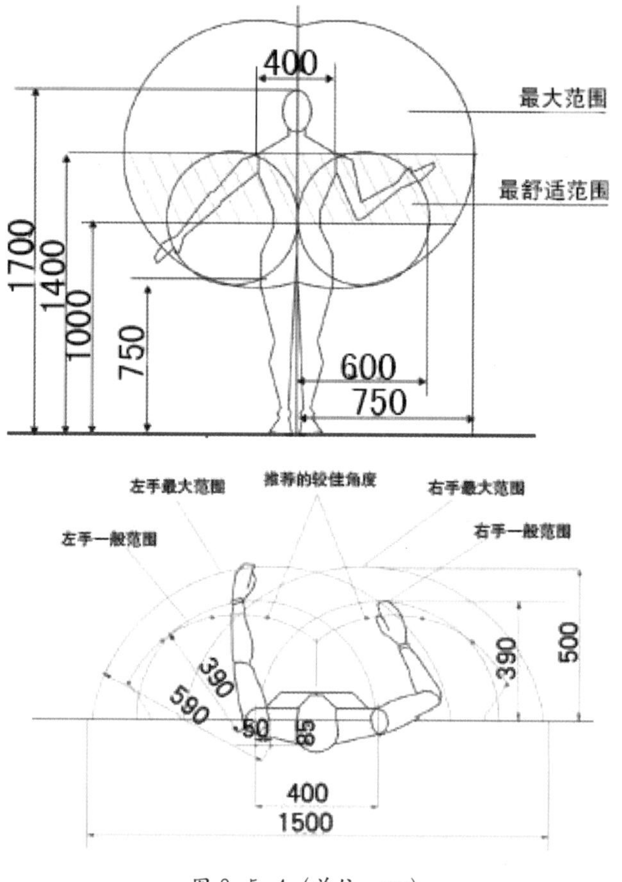

图 2–5–4（单位：mm）

（3）残疾使用者的人体工程学尺寸

在公共空间中不能忽略一个重要群体——残疾人。设计中要充分考虑残疾人的需要，体现人文关怀。在各个国家，残疾人都占一定比例。要考虑乘轮椅患者以及能走动的残疾人，必须考虑他们的辅助工具（如拐杖、手杖和助步车等）的设计，以人体测量数据为依据，力求使这些工具能安全、舒适地使用。

2.5.2 人体尺度与空间关系

人体工程学测定了人对气候环境、温度环境、声学环境、光照环境、重力环境、辐射环境、视觉环境等的要求和参数，表明人的感觉能力受各种环境刺激后的适应能力。如果温度环境中确定了舒适、允许、可耐和安全极限温度的界限，这就给设计者制定室内温度标准以及调节室内最佳温度提供了科学依据。又如声学环境中噪声给人带来听力和精神上的危害，音量达到 60~70dB 人会感到吵闹，有损神经，到 90~100dB 会损害听力。从而提出有效的解决办法就是用适度的音乐声来隐蔽噪声。再如视觉环境，对视觉四要素（视力、视野、光觉、色觉）的测定表明人眼注视点停顿的地方，主要集中在画面的黑白交界处、拐角处、不规则处、闪动处等,这就给设计者提供了如何引人注目的设计依据。研究人的视觉在生理和心理方面的效应证明色彩不仅具有审美功能，还具有实用功能，为室内色彩设计提供了依据。

2.6 公共空间的家具和陈设设计

公共空间陈设设计就是在室内空间设计确定后，根据其风格特色进行家具和装饰物品的陈列和摆设。不仅仅要看成是家具与摆设的陈设布置，家具和陈设的设计是经过设计师精心地构思，全方位、整体性地考虑到光线、造型、色彩等诸综合因素是室内总体艺术氛围的创造和主观的艺术化情感的创造表现。陈设品表达出一定的思想内涵和文化精神，对空间形象的塑造、气氛的渲染能起到烘托和画龙点睛的作用。因此，陈设艺术设计可以看作是环境设计的一个组成部分，是对公共空间设计的延伸和有益的补充（如图 2–6–1）。

2.6.1 公共空间的陈设设计作用

1. 家具

家具是人类维持日常生活，从事生产实践和开展社会活动必不可少的重要物品，有坐、卧、储藏等功能。家具在公共空间中具有重要的作用，家具除了实用功能外，还具有艺术审美的精神作用。公共空间的家具的作用有如下几点：

（1）组织空间

人们在不同的空间完成不同的工作和行为，配合各种行为所需的家具可以组织出各种不同的个性空间，通过家具的各种围合和组合方法就可以塑造出不同的空间关系并能组织人流走向。可见家具对于组织空间起到了非常积极的作用。

（2）分隔空间

在公共空间中不仅可以通过墙体来划分空间，也可用家具来进行。比如在开敞式的大办公空间，可以使用办公家具来划分大空间，既节省了面积，又可以满足办公的交流和私密性的需要。可见分隔空间也是家具很重要的一个功能。

图 2–6–1

（3）填补空间

家具还可以起到填补空间的作用。在一些不是很便于使用的空间，我们可以通过调整家具来提升空间的利用率。如在楼梯下面不便于使用的空间中，通过装饰性家具的摆放，形成视觉景观，使环境更加丰富。

（4）改变空间形态

在一个空间环境中我们可以利用家具多用途的特性，实现虽然身体不能过去，但眼睛可以看到，空间感就会被扩大的效果；反之，我们也可以利用家具实现视线的阻隔，就算可以通行，空间感被缩减，因此家具可以作为改变空间形态的工具。

（5）反映地区文化和地域风格

各地区的文化背景以及审美要求不同，各地地理条件和材料不同，就会使家具呈现其民族性和地域文化的特点。家具在塑造空间整体的风格同时，也能体现出地区文化和地域风格。

2. 织物

室内装饰织物有窗帘帷幔、门帘门遮、被面褥面、床单床罩、毛毯绒毯、枕套枕巾、沙发蒙面、靠垫、台布桌布以及墙上的装饰壁挂等，它们除了实用功能外，在室内还能起到一定的装饰作用。织物有窗帘、床罩、沙发布、地毯、墙布、壁挂等。织物在室内运用非常广泛，也占了相当的比重，往往决定着室内陈设风格和色彩的主调。

（1）划分空间的作用

织物可以对视线进行阻隔并将空间进行划分。如帷幔将大空间划分成小空间，形成私密性强的封闭空间。透明和半透明的织物既划分了空间又增加能透感，塑造出隔而不断的空间。

（2）防尘、遮光、统一室内色彩的作用

纺织品是陈设设计的主要内容，织物对室内空间起到一定的防尘、遮光的作用，并且织物的不同形态、色彩和材料都会给人们以不同的心理感受。

3. 灯具

灯具就是人工光的光源，具有在黑暗状态下提供照明的实用性功能。

在不同的光源色的影响下，公共空间所反映出的色彩是不同的，这就为我们营造不同需求的氛围提供了很好的手段。灯具设计有时代和地域特征，灯具也是加强室内陈设设计风格的重要手段。

4. 电器用品

电器用品既是实用工业品，又是室内重要的陈设品，它已经成为了现代社会中不可缺少的组成部分。

（1）信息传递工具

电视、电脑等电器用品能使人们快捷地获取信息。信息传递的速度、广度和深度是以前不能比拟的。

（2）体现了现代科技的发展，同时赋予空间时代感

随着科学技术的进步，电器用品在不断地发展和更新，新型电器在公共空间的展示赋予了空间时尚和时代感。

（3）给人视觉、听觉的享受

电器用品能给人以视觉、听觉的享受，同时能塑造公共空间优雅、宁静、舒适、亲切的氛围。

5. 艺术品

其他陈设要素是以功能性为主，而艺术品则是纯精神性的物品。没有它们也并不影响生活，但是增加了这些艺术品会令我们的生活更美好。具体的艺术品包括绘画作品、书法、雕塑、摄影作品、木雕、玉石雕、象牙雕刻、贝雕、彩塑、景泰蓝、唐三彩等。艺术品的摆放可以陶冶人的情操，提高室内的文化氛围和品味。

6. 书籍

书籍和杂志是我们获取知识和信息的重要媒介，比起电器用品等，它可读性强，回味的余地更大，可以长时间、反复地阅读。

2.6.2 公共空间的陈设设计原则

公共空间的陈设设计具有实用性、分隔和组织空间以及烘托艺术氛围等作用，陈设设计还能反映出一种文化底蕴和时代精神（如图 2–6–2）。

陈设艺术设计因人们生存的环境、所受教育、经济地位、文化素质、思想习俗、生活理想、价值观念等的不同而有所不同。但依据形式美的法则来说，陈设设计有以下设计原则：

1. 统一性原则

公共空间陈设设计遵循最广泛的原则就是统一性的原则。统一性原则就是利

用家具、织物、艺术品、植物等陈设品组织摆放形成一个整体，营造出自然和谐、雅致的空间氛围。统一性原则可以从色彩、形态、艺术风格等几方面来运用（如图 2-6-2）。

图 2—6—2

（1）色彩的统一。我们可以在整体室内空间中同一色相选择不同的明度和纯度的变化形成室内整体色彩的统一。

（2）形态统一。是指可以使用大小、长短、粗细、方圆等同一造型的物体形态进行室内陈设品来选择的搭配。

（3）艺术风格的统一。是指在选择陈设品时选择同一风格的物品作为空间陈设的对象。

2. 均衡性原则

均衡性原则是指以某一点为轴心，求得上下、左右的均衡。公共空间的陈设设计原则往往是在基本对称的基础上进行变化，来造成局部不对称，这也是一种审美原则。对称的布局形式反映的效果往往是严肃的、稳定的、静态的氛围，非对称的布局效果往往是活泼的、灵活的、动态的氛围。可以根据公共空间的需求选择布局的形式。

3. 主从和谐原则

公共空间陈设设计中主从关系是很正统的布局方法，对某一部分的强调，对而另一部分弱化，突出主题，可打破全局的单调感，使整个居室变得有朝气。但切忌重点过多，否则就会变成没有重点。配角的一切行为都是为了突出主角，切勿喧宾夺主，就如绿叶衬红花一样突出主题。

2.6.3 公共空间的陈设设计

1. 影剧院、会议中心、酒店等空间的陈设设计

在影剧院、会议中心、酒店等这类空间中可以安排一处或几处引人注目的重点陈设艺术设计。陈设艺术设计应该醒目、简洁、大方、独特、讲究气势，有较强的吸引力，并符合大多数人的爱好。壁面的陈设艺术主要以图形、绘画艺术品为主，重点在墙面、服务台的背景墙面。一般选择重要性比较高的地方进行陈设，要选择有分量、视觉冲击力效果强的陈设品进行装饰，要有整体的装饰效果。陈设品多为大型的雕塑、绘画等艺术品，这些都是构成公共空间的主景观。另外，要考虑陈设的相对固定性，避免因为正常使用下人员的流动性导致陈设品的损坏和丢失。

2. 商业空间的陈设设计

在商业空间如大型商场、百货店、专卖店等陈设设计中，是利用所售商品模拟生活场景的实态，加之橱窗和柜台的展示来吸引顾客购买的。商业空间陈设艺术设计的主题是突出商品和商品质量，另外要使主体陈设景观和局部景观呼应。

3. 办公空间的陈设设计

办公空间空间中的陈设设计不在多而是在精，主要是体现企业文化、企业形象、企业实力和企业的精神，给员工高效、舒适的工作环境，给来访者以企业有实力和品位的信心。办公空间的主要陈设品一般有体现公司精神的雕塑、绘画、工艺品等艺术品，还有与企业发展有重要意义的纪念品或领导者的收藏品等。

4. 餐饮空间的陈设设计

餐饮空间的陈设设计中，宴会厅的陈设设计需要体现出高端、大气、华丽、高贵、明亮、热烈的氛围。陈设主要有放在餐桌上的摆件、餐椅的装饰、台面餐具的摆放形式等。它多以布艺装饰餐桌椅以及鲜花等陈设作为重点。

中餐厅的陈设设计主要是指具有中国传统风格的餐厅的陈设。结合中国传统建筑构件、雕梁画栋、红漆柱、木雕、石雕、砖雕、历代雕像、中国书法、传统绘画、器物等摆放，塑造出庄严、典雅、敦厚方正的陈设效果。

西餐厅的陈设设计常模仿西方传统就餐环境的陈设，如厚重的窗帘，华丽的吊灯、台灯，漂亮的餐具等有西方情韵的绘画、雕塑之类作为主要陈设内容，并且常常配置钢琴、体量较大的插花，呈现出安静、舒适、幽雅、宁静的环境气氛，体现西方人的餐饮礼仪与文化品位。也有些西餐厅运用简洁的现代风格，体

现“极少主义”。

快餐厅的陈设设计需要突出环境简洁、快捷，多以流动的线条、明快的色彩、简洁的色块装饰为装饰，且多以大玻璃窗采光，使室内外互相融合，营造热烈、快速的氛围。通过空间各个界面的点、线、面的结合，简洁明快的色彩对比，几何形体的搭配塑造快餐文化的氛围。就餐座椅的活动性使用餐环境的组合非常灵活。有快餐文化情趣的小件陈设品吸引就餐者的视线，不会引起较长时间的关注。利用这样的心里暗示，使得用餐者不会多作停留。

风味餐厅的陈设设计是根据菜品的地方特点以及当地特有的陈设品的摆放进行设置。了解当地风土人情，利用当地绘画、图案、雕塑、器皿、灯饰等进行装饰，使就餐者在品尝地方美食的同时受到异域文化的熏陶。

【本章小结】

本章概括地介绍了公共空间设计的环境要素（包括公共空间设计心理学、色彩学、材料学、光环境、人体工程学等），也对公共空间设计中的陈设设计进行了简要的介绍。

【任务分析】

通过本章的学习，对公共空间设计环境构成要素建立基本的概念，掌握各要素的具体运用，为后续的项目设计做好理论知识的储备。

【复习思考题】

1. 设计心理学与环境设计的关系是什么？公共空间中有哪些方面能使人产生情感和审美？

2. 请从形、光、色三方面，举例说明调整室内空间尺度的方法。

3. 陈设品在公共空间中有什么作用？选择陈设品时有哪些原则？

第 3 章　公共空间设计原则、方法与步骤

对公共空间进行设计是一个过程，是一个大众参与并不断展现其生活变换的过程。新的设计并不仅仅指新的风格或新的形式，而且指新的内容和新的存在方式。

在一般情况下，空间的合理利用和划分往往是区分公共空间和私人空间的必要手段。公共空间对于大众利益的理解和服务负有特殊的责任，我们追求的应是使其适应人的各种需求，而不是让公众去适应各种环境（如图 3–0）。

图 3–0

【学习目标】

本章介绍公共空间设计的基本原则、公共空间设计的具体方法以及公共空间设计步骤等方面的内容。通过对这些设计内容的学习，使大家对公共空间的设计有较为系统的认识。

3.1　公共空间设计原则

3.1.1　实用性原则

随着社会的发展，人民生活水平地不断提高，科学技术水平有了很大的进步，人们对于公共空间功能上的要求也就越来越多样化，公共空间的功能上除了传统的设计理念、设计方法外，又有很多新增的功能需要，这是我们在设计中必须注意的。公共空间设计的基本原则是实用性原则，可以从以下几个方面进行考虑：

1. 使用功能

绝大部分的建筑物和环境的创建都具有十分明确的使用功能，满足人的使用要求是公共空间设计的前提。另外，投资者和未来的使用者对使用价值有明确的要求，设计方案必须能够体现出项目的使用价值。

2. 安全意识

防火、防盗功能是公共空间设计不容忽视的重要组成部分，如大型公共场所必须具备安全的疏散通道，设计烟感应系统、自动喷淋装置，所使用的装饰材质必须是绿色的环保产品，对人体无毒害。

3. 精神功能

精神功能主要表现在室内空间的气氛、室内空间的感受上，如法院等在设计上往往以体现庄严肃穆为主，其特点为空间高大、色彩肃穆。而生活化的场合，如家庭、文体中心、商场等，要以欢快、活泼的设计风格为主，空间自由灵活、色彩丰富多变（如图3-1-1）。

图 3—1—1

3.1.2　舒适性原则

公共空间对于大众利益的理解和服务负有特殊的责任，好的空间设计应该做到为人服务、以人为本，不仅仅是为了满足人的观赏、游玩、购物等活动的需要，更应重视对现代人心理与生理的体验，重视人性化理念。根据人的工作需要、生活习惯、视觉心理等因素，设计出一个人们普遍乐于接受的环境是公共空间设计的最终目标。在大型公共空间出现了更多公共休闲区域、等候区域和共享区域，这些区域中为了更好地服务于人而提供如报纸、杂志、饮用水等设施，以便更好地满足人们的各种需求。

舒适性体现在空间的尺度、材料的使用、色彩与文化心理等多个方面。公共空间设计如应最大限度地满足现代人的生存需求，并且创造出具有文化价值的生存空间，体现民族性、传统性，具有地方特色的文化底蕴，并融入近现代人生存方式的设计思想和设计理念。公共空间的设计提倡营造民族的、本土的文明，提倡古为今用、洋为中用，这是历史赋予我们的使命题（如图 3-1-2）。

图 3—1—2

3.1.3 技术与工艺适用原则

公共空间设计是一个全方位的、综合思考的过程，除了对结构、功能、色调等方面的考虑外，还要对材料和技术工艺运用进行分析。结合当地的材料和技术条件以及成本来进行方案设计，是公共空间设计的一个重要原则。

1. 新材料的运用

传统材料伴随着人类的发展已经有数千年的历史，对于人类无论是生理上还是心理上，都难以改变其深刻的烙印，传统材料能给人们带来一种安定、熟悉的心理感受。而新材料的应用是势不可挡的，2010 年在中国上海举办的世博会，可以说是吸引了全世界人民的目光，各个国家的场馆里争奇斗艳，英国的种子触须，西班牙馆的藤条外衣，意大利馆的透明混凝土……世博会无疑也是新材料一展芳容的“秀场”。

2. 声、光、电等新技术使用

如公共空间中，可视图像代替了传统的宣传板面，公共空间的导引系统更多地利用大屏幕或电脑的触摸装置，使人们更方便、更快捷地得到服务。这些功能极大地满足了人们对于休闲、娱乐和提高工作效率的愿望，既增加了实用功能，又使设计更具科学性与艺术性（如图 3–1–3）。

图 3—1—3

3.1.4 形式美原则

空间设计不管风格如何、流派怎样，都要遵循一定的形式美法则。形式美法则是客观世界固有的内在规律在艺术范畴中的反映，是人类在创造美的形式、美的过程中对美的形式规律的经验总结和概括。它具有相当稳定的性质，是人们进行艺术创造和形式构成的基本法则。设计是一种视觉造型艺术，必须以具体的视觉形式来体现，并力求给人以美的感受。因此，对于形式法则的了解和认识，可以帮助我们在展示形式构成中判断优势、决定取舍、锤炼素材，深化表达展示理念，以获得优美的表现形式。

1. 对 称

对称是指中心轴的两边或四周的形象相同或相近而形成的一种静止现象。这是一种古老而有力的构图形式。我国古代宫殿、庙宇、墓室以及民居中的四合院等建筑无不是通过这一形式来呈现的。自然界中的对称形式更是不胜枚举，动物的四肢、鸟禽的翅膀、树木的枝叶等，人体自身就是诸多对称形式的产物（如图 3-1-4）。

图 3—1—4

对称分为完全对称和近似对称。完全对称是指中心点的两侧和四周绝对相同或相等，采用这种形式来处理，都会显出安稳、秩序的感觉。近似对称是指宏观上的对称，是一种在局部上有多样变化，在有序中求活、不变中求变的富有对称性质的形式。利用对称来进行空间构图，会给人一种庄重、大方、肃穆的感觉。由于它在知觉上无对抗感，能使空间容易辨认。当然，这种构图形式如处理不当，也会出现呆板、单调的效果。为了避免这种倾向，在整个对称格局形成之后，可对局部细节的诸因素进行调整和转换（如图 3-1-5、图 3-1-6）。

图 3—1—5　完全对称

图 3–1–6　近似对称

（1）采用形状转换

使中心轴两边的形象转换成体量或姿态相同的其他形象。

（2）采用方向反转

使轴线两边的形象颠倒一下正背方向或颠倒一下左右方向，产生一种动感。

（3）调整体量

使轴线两边的形象在画面上所占面积的大小或虚实有所差异。

（4）改变动态

使轴线两边的姿势动作产生微妙变化等。

2. 均衡（如图 3–1–7）

图 3–1–7　均衡

处于地球引力场内的一切物体，如果要保持平衡、稳定，必须具备一定的条件：像山那样下大上小，像树那样四周对应着生长枝桠，像人那样具有左右对称的形体，像鸟那样具有双翼……自然界这些客观存在不可避免地反映于人的感官，同时必然也会给人以启示。凡是符合上述条件的，就会使人感到均衡和稳定，而违反这些条件的，就会使人产生不安的感觉。

在空间范畴内，均衡是使各形式要素的视觉感保持一种平衡关系。均衡是自然界中相对静止的物体，遵循力学原则而普遍存在的一种安定状态，也是人们在审美心理上寻求视觉心理均衡感的一种本能要求。均衡可分为静态均衡和动态均衡。

（1）静态均衡

指在相对静止条件下的平衡关系。即在中心轴左右形成对称的形态，对称的形态自然就是均衡的，由于这种形式沿中轴线两侧必须保持严格的制约关系，从而容易获得统一性。通过对称一方面取得平衡，一方面组合成一个有机的整体，给人一种严谨、理性和庄重的感觉，这也是很多古典建筑优良的传统之一（如图3-1-8）。

图 3-1-8　静态均衡

（2）动态均衡

指以不等质或不等量的形态求得非对称的平衡形式，也称不规则均衡或杠杆平衡原理。即一个远离中心的小物体同一个靠近中心的较为重要的大物体来加以平衡，这种形式的均衡同样体现出各组成部分之间在重量感上的相互制约的关系。动态均衡具有一种变化的、不规则的性格，给人以灵活、感性和轻快、活泼的感觉（如图3-1-9）。

图 3–1–9　动态均衡

3. 反复

反复是指相同或相似的要素按一定的次序重复出现。反复可创造形式要素间的单纯秩序和节奏美感，使对象容易辨认，在知觉上不产生对抗和杂乱感，同时使对象不断出现在视觉上，加深印象，增加记忆度。

反复是一种极为古老而被广泛运用的形式，它是使具有相同的与相异的视觉要素（尺寸、形状、色彩、肌理）获得规律化的最可靠的方法。反复的形式可分为单纯反复和变化反复。

（1）单纯反复

是指形式要素按照相同的位置、距离简单地重复出现，创造一种均一美的效果，给人以单纯、清晰、连续、平和之感（如图 3–1–10、图 3–1–11）。

图 3–1–10　单纯反复

图 3–1–11　变化反复

（2）变化反复

是指形式要素在序列空间上，采用不同的间隔方式来进行重复，给人以反复中有变化的感觉，不仅能产生节奏感，还会形成单纯的韵律美（如图 3-1-12）。

图 3-1-12 变化反复

4. 渐次

渐次是指连续出现近似形式要素的变化，表现出方向的递增和递减规律。它同反复存在着相同之处，都是按一定秩序不断地重复相近的要素；不同之处是各要素在数量、形态、色彩、位置及距离等方面有渐次增加或渐次减少的等级变化。渐次在客观世界中随处可见，如树枝上的叶子从大渐小、从疏渐密、从浓渐淡的变化，石头扔到池塘中荡漾的涟漪，雨后的彩虹，电线杆由于纵深透视从近高到远低的变化，重檐式宝塔在体量层高上层层渐次的变化等（如图 3-1-13）。

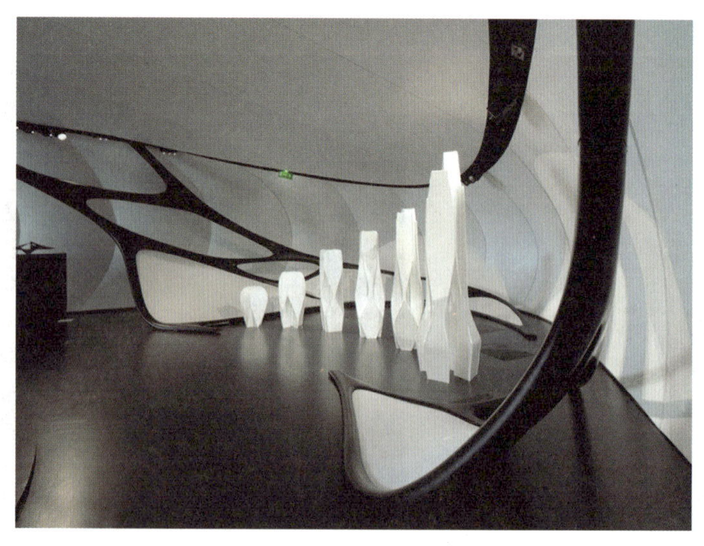

图 3-1-13 渐次

渐次的特征是通过要素形式的连续近似创造一种动感、力度感和抒情感。它是通过要素的微差关系求得形式统一的手段。无论怎样极端化的对立要素，只要在它们之间采取渐次递增或渐次减少的过渡，都可以产生一种秩序的美感。

使用渐次法则，关键在于按一定比例逐渐实行量的递增或递减，使同一货币的表情愈演愈烈地一直流畅地贯穿下去。这是渐变美的核心，否则就改变了秩序，失去了这种美。当然，渐次并不绝对排斥局部节奏的起伏，以求得微妙的变化。在反复和渐变构图要素中，如果突然出现不规则要素或不规则的组合，会造成突变，给人新奇、惊愕之感，使人的注意力变得集中，也能取得意想不到的效果。

5. 节 奏

节奏原指音乐中交替出现的有规律的强弱、长短的现象，喻指均匀的有规律的进程。节奏这个具有时间感的用语在构成设计上是指以同一视觉要素连续重复时所产生的运动感，是连续出现的形象组成有起有落的韵律，是客观事物合乎周期性运动变化规律的一种形式，也可称为有规律的重复。它的特征是使各种形式要素间具有单纯和明确的关系，使之富有机械美和强力的美。自然界中许多事物和现象，往往由于有规律地重复出现或有秩序地变化而激发人的美感，从而出现以具有条理性、重复性、连续性为特征的韵律美（如图 3-1-14）。

图 3—1—14　节奏

6. 韵律

韵律是有规律的抑扬变化，它是形式要素规律重复的一种属性。其特点是使形式更具律动的美。这种抑扬变化的律动，在生活中俯拾即是。例如人的呼吸和心跳以及其他生理活动，都是自然界中强烈的韵律现象。

前文提到的节奏和韵律是既有区别又互相联系的形式，节奏是韵律的纯化，韵律是节奏的深化，是情调在节奏中的运用。如果说，节奏是定于理性，韵律则更富感情。节奏和韵律的主要作用就是使形式产生情趣，使之具有抒情的意味。韵律的形式按其形态划分，有静态的韵律、激动的韵律、微妙的韵律、雄壮的韵律、单纯的韵律、复杂的韵律、旋转的韵律、自由的韵律等。这些富有表情的形式，对空间来讲是极为丰富的手段。由于韵律本身具有明显的条理性、重复性、连续性，因而在建筑设计领域借助韵律处理即可建立一定的秩序，又可以获得各式各样的变化（如图 3–1–15）。

图 3—1—15　韵律

7. 对比

所谓对比，是指各形式要素彼此之间不同的性质对比，是表现形式间相异的一种法则。它的主要作用是使构造形式产生生动的效果，使之富有活力。对比是被广泛运用的形式之一，是美的重要法则。我国清代学者王夫之在《画斋诗话》中说："以乐景写哀，以哀景写乐，倍增其哀乐。"说明对比这一美学原理具有强化、渲染主题的作用。对比亦是一种差别的对立，它对人的感官有比较高强度的刺激，容易使人产生兴奋感，使形式更富于魅力。对于设计，对比是形式中最活跃的积极因素。

对比这一法则所包含的内容十分丰富，有形状的对比、尺寸的对比、位置的对比、色彩的对比、方向的对比、肌理的对比等。它们具体体现在形体、装饰物、构造、背景等要素的组合关系之中，即包括在直线与曲线、明与暗、凹与凸、暖与寒、水平与垂直、大与小、多与少、高与低、轻与重、软与硬、锐与钝、光滑与粗糙、厚与薄、透明与不透明、清与浊、发光与不发光、上升与下降、强与弱、快与慢、集中与分散、开与闭、动与静、离心与向心、奇与偶等差别要素的对照之中。处理好这些要素在空间中的对比关系，是设计形式能否取得生动、鲜明的视觉效果的关键因素（如图 3-1-16、图 3-1-17）。

图 3-1-16　对比

图 3-1-17　对比

8. 主 从

主从是指在同一整体中各不同的组成部分之间由于位置、功能的区别而存在的一种差异性。就像自然界中植物的杆与枝、花与页，动物的躯干与四肢，各种艺术形式中的主题与附题，主角与配角……都表现为一种主从关系，在一个有机统一的整体中，各组成部分是不能不加以区别而一律对待的，它们应该有主与从的差别、有重点和一般的差别、有核心和外围的差别。否则，各要素平均分布，同等对待，难免会流于松散单调。

9. 调 和

调和是指在同一整体中各个不同的组成部分之间具有的共同因素。调和在自然界中是一种常见的状态。比如地球表面覆盖着的植被，有乔木、灌木、草本植物和苔藓植物，它们的形状、姿态尽管千差万别，却有着共同的颜色，即绿色。因此，大地植被给人们的整体视觉感是协调、悦目的。在设计中，调和构成具有十分积极的作用。调和不单是部分之间的类似要素的强弱对比，而且是包含着类似与相异的协调关系。因此，调和体现了局部要素的对比与整体之间的关系，没有整体感，局部对比便失去了依存，画面也不会有生动感。从调和的特征来看，类似要素的调和，给人以抒情、平静、稳定、含蓄、柔和的感觉。差异要素的调和有着更为丰富的内涵，给人以明快、强烈、鲜明、有力、清新的感觉（如图 3-1-18、图 3-1-19）。

图 3-1-18　调和

图 3-1-19　调和

10. 变化与统一

客观世界中，各种事物之间既有可调和的因素，又有相互排斥的因素。调和与排斥组成矛盾，即对立和统一的矛盾，它是人类社会和自然界一切事物的基本规律。这种既对立又统一的规律，在艺术形式范畴中具体运用时，即体现为变化与统一的形式美感规律。在形式构成中，它表现在各形式要素间既有区别又相互联系的关系上。变化表现在形式要素的区别之中，而统一表现在形式要素间的联系之中。前者是指对照的相异关系，后者则是指相同或相似的关系。变化和统一，是在协调中寻求丰富多样，在区别中寻求和谐。这是取得形式美感的稳定的永恒的规律（如图 3-1-20）。

图 3-1-20　变化与统一

变化和统一是形式构成中最为重要的法则，是形式美感法则中的中心法则。它包含着对称、均衡、反复、渐次、节奏、韵律、对比、调和、主从等具体法则的所有内容，并对这些内容起统管作用。例如，在形式构成中，过分的对称会造成呆板，可调节局部使之在对称中有微妙变化；过分的混乱破坏了均衡，可调节内在秩序，使之在变化中产生均衡感。同样的道理，过分的对比应注意增强量的调和，可不致使对比太刺激而无舒适感；过分的调和则应注意微量的对比调节，可使调和不至于太暧昧与平庸；单一反复中应注意调节细部的处理，不致使重复流于单调；太规则的渐次应注意幅度的微妙调节，使渐次在秩序中不落于平淡等等。

变化和统一在形式构成中，相辅相成、配合默契，但两者亦不能处于等量的地位。如要追求动荡的刺激，即可加强统一中的变化因素；如要追求安定、平和，则可强调统一，其余所有法则在具体运用时，无不体现这一中心法则的根本要求。

变化和统一是矛盾的两个方面。尽管两个方面处于对立的位置，却是不可分割的一个整体。中国画的形式构成中常以“相兼”来调节矛盾着两个方面的相互关系，如方中见圆、圆中见方、疏密相兼、虚实相兼，即把矛盾的两个方面调整为兼而有之的一种美感追求。设计构成中，如果能使形体、装饰物、构造、背景等构成要素在虚实、疏密、松紧、黑白、轻重、大小、繁简、聚散、开合等许多矛盾中兼而有之，可使空间呈现出既生动、活泼，又有秩序、调和的视觉形式。

形式中的变化统一关系，是矛盾着的要素相互依存、相互制约和相互作用的关系。它最突出的表现就是和谐，而这里的和谐，并非消极的变化和简单的协调统一，而是积极的变化，使互相排斥的东西有机地组合。一个优秀的设计形式，如果缺乏统一，则必然杂乱无章。和谐样式不是信手拈来、随意而得，而是从变化和统一的相互关系中得来。故应认真研究和掌握既变化又统一的相互关系，并有效地运用在设计形式的构成之中。

3.2 公共空间设计方法

公共空间设计既是一种思维活动，也是一个创造过程，还是一门实践性很强的专业。公共空间的形态是多种多样的，都具有不同的性质和用途，它们受到空间形态各方面因素制约，不是主观臆想的产物。设计师在拿到设计项目时，前期收集资料、掌握该项目的背景资料是必不可少的环节，包括结构布局、使用需求等。在创作的过程中，再对具体的创作思维方法进行灵活运用。方案构思和图纸制作也是室内设计的重要过程，此过程对最终工程的总造价有着 80% 的决定性作用。施工协调和使用评估有助于设计师改进和完善设计方案，进一步总结经验和提高设计水平，也是最易忽视的设计步骤。从实用的角度，对公共空间的设计方法从以下几个方面进行探讨（如图 3–2–1）：

图 3–2–1

3.2.1 空间设计法

1. 设计定位

这是设计项目后首先要考虑的问题，只有明确了项目的使用意图和标准后，才能对项目进行合理的、符合实际的、人性化的设计，一个好的作品，必定是功能定位、风格定位及标准定位的完美结合。

（1）功能定位

功能定位是紧紧围绕着“用”字上下功夫，即以何样的形式来满足用途。在公共空间设计时功能定位是第一位的，如这个空间是文教空间还是办公空间，是休闲空间还是娱乐空间。先要对项目进行功能需求分析，确定功能分区，然后细化内部各项功能，为后面的设计工作作好铺垫，并为不同空间氛围的塑造提供设计依据。

（2）风格定位

确定功能定位后，就要进行风格的定位。公共空间内部装饰及布局以何样的形式出现都要考虑到功能的取向、受众的特点及甲方的要求。只有在空间的设计风格确定了以后，才能对空间的造型语言进行设计和构思，对元素进行提炼总结，创造出与空间性质相符的装饰效果和艺术氛围。

（3）标准定位

标准定位是工程造价的总投入和装饰档次的问题。首先要考虑到空间受众群体的层次，接着要考虑到内部装饰档次，包括装饰的色调、装修材料品种、内部设施设备、陈设艺术品、空间氛围等，还要考虑装饰的成本。现代社会随着能源的大量耗费，人类倡导绿色环保，不计成本、无限量地投入资源不是正确的途径。

2. 整体与局部的协调统一和变化

对空间的设计要从整体入手，不能从局部开始思考，否则会导致空间的零乱、风格的拼凑、次序的颠倒。对于公共空间项目的构思、风格和氛围的营造，需要着眼于整体空间组织、布局、环境和功能特点来定位，要对整体环境进行了解分析。要先对公共空间整体进行定位以后，再对局部进行造型。局部单元空间之间要做到既相互独立又相互依存，与整体环境空间尽量在风格、功能、标准上的延续和连贯，使设计方案的整体与局部达到最终的协调和统一。

但是在公共空间设计的协调和统一的前题下可以适当地变化。公共空间的布局，在限定的结构范围内，在一定程度上既有制约性，又有极大的自由性。即使结构没有变化，但内部公共空间功能布局依然可以有所创新和变化。如统一柱网的框架结构的空间中，为了使结构体系简单、明确、合理，一般来说柱网系列是十分规则和简单的，如果完全死板地跟着柱网的进深、开间来划分空间，即结构体系和建筑布局完全相对应，有时内部空间会变得很单调。但如果有时划分空间不完全按柱网格倍数轴线来，则可以产生很多内部空间的变化。

3. 创作过程的具体思维方式

公共空间设计项目在功能、风格及基本的空间组织、功能划分确定后，下一步就是如何实现的问题，如何有效地对空间进行推理，并最终形成有效、合理、趋于完善的设计方案，需要设计者运用合适的思维方式。

（1）角色互换

在公共空间设计中，如何创造一个合理、安全、高效、供人使用的舒适而人性化的空间，要多角度、全方位地思考这个空间的功能设计、装饰手法、风格定位等。设计者既要听取需求者意见，又不能一味地迎合需求者的思想，应站在中立者的身份提出“怎样设计更加好”的问题，思考多个设计方案，权衡关系，选择最适宜的一种；既要站在设计者的立场，还要把自己当做需求者、受众群体去思考设计问题，把自己想象成置身于空间当中的一员去感受空间，提出“还需怎样设计”的问题。只有这样经常在角色间相互切换，才能使公共空间的设计更加地细致、生动且具有生命力。

（2）草图绘制

设计者可以借助草图或图形来表达设计思维或想法，对设计方案的创作进行一系列的分析图解，不仅能快速展示出设计师的构思，而且还能很好地与其他人员共同商讨与交流。草图是一种提示，是对思维的记录，经提炼总结最终可成为正规图纸。草图的绘制既能收集资料、增强实景体验，又能记录自己的奇思妙想、强化自身的表现技巧（如图 3–2–2、图 3–2–3）。

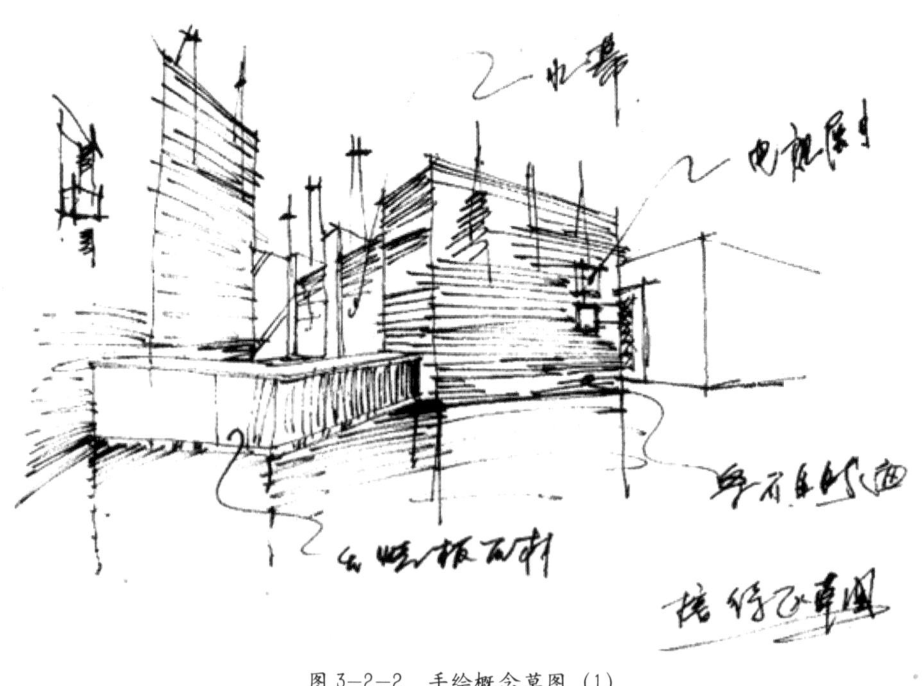

图 3–2–2　手绘概念草图（1）

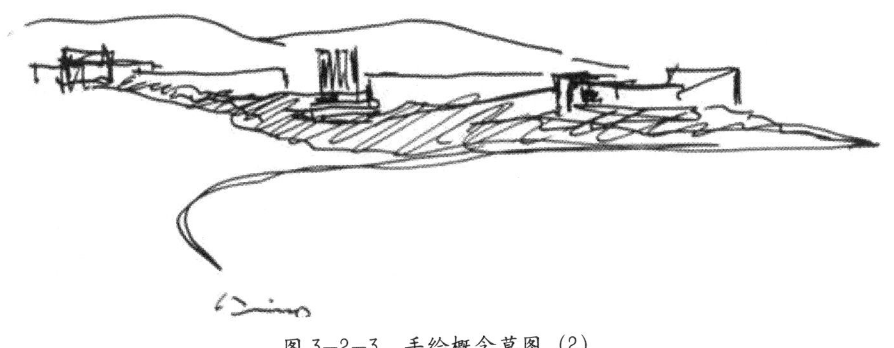

图 3-2-3　手绘概念草图（2）

（3）计算机制作效果图

设计是一种把计划、规划、设想通过知觉形式传达出来的一个过程，计算机制作效果图也是表达设计思维的一种方式。特别是在比较复杂的公共空间中，通过计算机三维仿真软件来模拟真实环境的效果图，能检查和推敲设计方案的细微瑕疵。计算机制作效果图技巧已非常成熟，效果图将创意构思进行形象化再现。效果图通过对物体的造型、结构、色彩、材质在空间中的穿插关系等诸多因素的忠实表现出来，真实地再现设计者的创意，从而沟通设计师与观者之间视觉语言的联系，使人们更清楚地了解空间设计的各项性能、构造、材料和氛围。

3.2.2　界面设计法

公共空间设计是指空间的界面设计，即对空间围合界面的处理。空间围合界面指人能直接看到的甚至触摸到的界面实体。公共空间的界面就是围合成的室内空间的底面、侧面和顶面，即地面、墙面和天花。空间室内界面的处理，就是要既满足功能和技术方面的要求，又有造型和美观上的要求。而公共空间的界面，在设计时要重点考虑的是界面的线型、色彩、材质和构造方面的问题。

公共空间各界面的使用功能有它们的共性要求和各自的个性特点：

1. 空间围合界面的共同要求

（1）使用期限，即耐久性。

（2）防火性能。在室内装饰环境中，应尽量采用不燃烧或难以燃烧的材料。

（3）无毒无辐射。释放的有毒物质应低于审定的标准。

（4）易于制作安装和施工。

（5）必要的隔热、保温、隔声、吸声等性能。

（6）符合装饰及美观要求。

（7）相应的经济指标（投资与价值的平衡点）。

2. 空间围合界面的功能特点

（1）底面：耐磨、耐腐蚀、防水、防潮、防滑、易清洗，有特殊要求的需防静电。

（2）侧面：隔热、保温、隔声、吸声、易清洗，具有遮景借景的功能。

（3）顶面：材质轻便，光反射率符合设计要求，同时需要达到隔热、保温、隔声、吸声的要求。

总之，我们在进行公共空间的室内装饰设计的具体工作过程中要遵循以下几个原则：一是安全可靠，坚固实用，施工便捷；二要造型美观，具有个性；三要选材合理，造价适宜。只有遵循这几个原则，才能更好地进行公共空间的界面设计。

3. 界面装饰材料的选用

在公共空间设计中，装饰材料的选用是界面设计中反映设计成果的实质性环节，关系到最终使用时装饰效果的实用性、经济性、美观性。界面装饰材料的选用，需要考虑以下几个方面的要求：

（1）与空间使用功能相适应

在公共空间装饰设计中，要保持空间的功能与气氛的一致性，在不同的功能空间设计中，气氛的营造需要用材料的装饰来烘托，各种不同的材质选择要与空间功能保持一致。例如娱乐空间与办公、教育空间在材料的选择上就相差很大，除色彩、质地、光泽不同外，表面纹理等方面也不尽相同。

（2）与室内装饰的相应部位相适应

不同的装饰部位，材质质地与性能需求不同。例如：地面与天花的装饰材料一般就不一样，室内与室外对材料的要求也不一样。

（3）与时代的发展需求相一致

装饰材料一直在不断地更新变化，因此不仅要了解传统装饰材料的特性，还需了解市场上出现的新型产品及行业动态，掌握新工艺、新材料的运用，这样才能设计出更好的作品。

（4）对材料进行搭配

界面装饰材料的选用要进行精心、巧妙的搭配。好的设计与好材料的堆砌不能划等号，要考虑到经济条件、环境设施和地域特点等，对一些材料进行巧妙的运用，就能得到别出心裁的效果。例如清水混凝土的肌理表面、砖面背面的凹凸纹样、废旧折断木头等，都可取得意想不到的效果（如图 3-2-4）。

图 3-2-4

3.2.3 公共空间形态设计法（如图 3-2-5）

图 3-2-5

将丰富而复杂的空间形态进行分解后，可以得到点、线、面、体等构成要素，也可以对其进行材、形、色的分析。下面我们对各要素逐一进行分析。

1. 形（点、线、面、体）

（1）点

点是最简洁的几何形态，是形态造型的基本元素，也是一切形态的基础。点必须是可见的，有形象存在。几何学中的点用于标识空间中的位置，本身没有大小、面积、色彩可言。点在公共空间设计中是不可忽视的，它可以使空间造型丰富或使视觉平衡。点常用来强调和形成节奏，而公共空间中点的不同排列方式形成动态的构成效果。点的数量、大小、位置与布置具有多种形式，可以产生多种变化起到活跃气氛的作用，也可以起到点缀的作用。在公共空间中，实体的点本身具有形状、大小、色彩、质感等特征，当这些特征与周围环境要素具有强烈的对比时，就形成了视觉的注目点，包括从背景中凸显出来，吸引人的视线（如图 3-2-6）。

图 3-2-6

（2）线

线是点移动的轨迹，线的运动可构成面，线的不同组织形式可以构成千变万化的空间形态。线可分为直线和曲线两种，其中，直线又可分为水平线、垂直线、斜线三种。从心理和生理上来看，直线具有男性的特征，能够表达冷漠、严肃、安静、敏锐和清晰的感觉。曲线具有女性性格，能表达典雅、优美、轻松、柔和、富有旋律的感觉。几何曲线，如圆、椭圆、抛物线等，能表达饱满、理智、明快的感觉；自由曲线则是一种自然、优美的线形，能表达丰润、柔和的感觉，富有人情味。

图 3—2—7

线在公共空间设计中无处不在，任何体面的边缘和交界，任何物体的轮廓和由线组成的设计元素，都包含着线的曲直、数量、位置和多种线的构成形式。在空间造型中，通过线的集合排列，可形成空间中面的感受。运用线的粗细变化、长短变化，可以形成有空间深度和运动感的组合，或能形成有规律的、间层变化的空间感。曲线不宜用得过多，否则显得空间繁杂和动荡；但当曲线与其他线型有机结合时，却能产生赏心悦目的效果（如图 3–2–7）。

（3）面

面是线移动所形成的，是点的面积的扩大，具有长、宽两度空间，它在造型中所显示出的各式各样的形态是设计中重要的因素。在空间造型中，点和面是相对而言的，墙面上的点如通风口、门窗、壁画等，从整体上可看作点，但在局部可以看作面。

圆形具有向心集中和饱满的视觉效果，能表现和谐、完美的感觉。方形能表达单纯、明确和规则的特征，平行四边形可构成动势，正方形则更加具有稳定感。三角形是由三条直线围绕而成的形状。正三角形和平放的三角形非常稳定；倒三角形或一点支撑的三角形极不安定，会产生强烈的动态和紧张感。

不规则面的基本形式是指一些毫无规律的自由形，包括任意形、偶然形和有机形。任意形潇洒、随意，体现的是洒脱自如的感情；而偶然形具有不定性和偶然性，往往富有惊人的魅力和人情味；有机形则能表现自然界有机体中存在的生命力，由流动而富有弹性的曲线构成（如图 3–2–8）。

图 3-2-8

（4）体

体是在三维空间中面按不同方向运动的结果。其基本特征是占据三维空间。体与外界有明显的界限，是一个封闭的、力度感强的形体。体一般是指一个综合体，可视为线、面的综合。它的视觉感受与体量的大小有一定的关系，大而厚的体量，能表达浑厚、稳重的感觉；小而薄的体量，能表达轻盈、漂浮的感觉。几何平面体，如三角锥体、正立方体、长方体和其他以几何平面构成的多面立体，能表现简练、大方、稳定，能表达理智、明快、优雅和端庄的感觉，也可以在空间中有柔和、平滑、流畅、单纯、随意的视觉效果，具有端庄、优美、活泼的特点（如图 3-2-9）。

图 3-2-9

（5）运用点、线、面、体造型应遵循的原则

点、线、面、体的构成形态组成了我们在空间中的整体造型，我们面对的空间是复杂而有形的。当我们面对一个设计项目运用点、

线、面、体进行造型时，应注意空间中风格的统一性。虽然我们设计的空间在各界面上的分工不同，功能特征也有差异，但是整体的元素造型风格必须保持一致，这是室内空间界面装饰设计中的一个最基本的原则。不同的风格不加整理地运用到同一个空间或同一界面，往往会令人觉得冲突和矛盾，视觉层次颠倒。

还要注意气氛的一致性。不同使用功能的空间具有不同的格调和环境气氛要求，首先要了解室内构成，包括功能和将营造的空间气氛如何。例如商场要求热烈、动感、活泼而刺激的室内环境；会议室要求严肃、安静的室内气氛，以促进会议的顺利进行；娱乐空间则要求浪漫、温馨的空间环境。这样就要求我们设计的空间性质与空间需营造的氛围要保持一致，不能随意搭配运用，否则会出现不伦不类的现象，这也就要求我们营造气氛的时候在造型语言的选择上必须保持一致。另外，点、线、面、体造型要对背景具有烘托性。室内空间界面在处理上切忌过分突出。空间的界面主要是作为空间环境的背景，起到陪衬作用。因此要避免过分处理，应坚持简约而明朗的风格，但面对有特殊需求的空间，如酒吧、咖啡厅等，则可作重点处理或加强效果，但需注重形式语言，适可而止。

2. 色（如图 3–2–10）

公共空间中的功能区大多是以使用对象或用途的不同来划分的。由于不同的使用对象有不同的视觉需求，因此，不同的用途也需要不同的色彩来配合，各功能区应运用不同的色彩组合。例如，我们以使用对象分类，在公共空间中可分为儿童活动区、青少年活动区和老年人活动区。这些不同的年龄组有不同的审美偏爱，儿童一般好奇心强、色感较单纯，喜爱一些单纯、鲜艳而对比强烈的色彩组合，因此儿童活动区宜使用明度高、纯度高的红、黄、绿、蓝等色彩组合，此外，往往多用暖色调；青少年大多个性彰显，有着活跃的朝气，偏爱明快与活泼的色彩组合，因此，青少年活动区可考虑用明度高、纯度中等的暖色，色彩组合应注意对比色与类似色的组合兼而有之；老年人喜静，性情沉稳，行

图 3–2–10

动相对缓慢，视觉需求以能纯度低的色彩为主，与流行色常保持一定的距离。

在公共空间中不同的色彩运用也给人以不同的感受。在相对小或暗的空间中，墙面可用白色，因为白色不吸收阳光，反光强，使房间显得清洁、宽敞、明亮；在相对寒冷的空间可使用淡橙色，因为反射的光线比吸收的多，给人以热烈、愉快、兴奋和温暖的感觉；在医疗空间中多采用绿色，是因为绿色给人冷静、平和、生命的感觉。不同功能分区虽然有不同的色彩组合要求，但总的来说，整个空间环境的色调应有统一感，在色彩的要求上要做到大调和、小对比。

3. 质（如图 3-2-11）

图 3—2—11

现代空间设计越来越强调设计的简洁化，化繁为简、形随机能的美学理念在现代公共空间设计中再次成为流行趋势。简洁需从色彩、造型、材质各方面着手，反对多余的装饰，崇尚合理的构成工艺，尊重材料的性能，讲究材料自身的质感和色彩的搭配效果。

公共空间的设计，对材料的肌理效果和质地非常重视。创造新的质感效果，重视人对这些质感效果的心理效应已成为公共空间设计追求的目标。材料的不同质感对室内空间环境会产生不同的影响，材质在视觉上的冷暖感、进退感等，给空间带来了宽松、空旷、温馨、亲切、舒适、祥和、热烈、冲动等不同效果。

在公共空间中，人主要通过触觉和视觉感知实体物质，对不同装饰材料的肌理和质地的心理感受差异较大。如抛光平整光滑的石材给人以质地坚固、凝重的感觉；木质、竹质材料给人以亲切、柔和、温暖的感觉；反射性较强的金属给人以坚硬、牢固之感，还传达出冷漠、新颖、高贵的气质，具有强烈的时代和现代感；纺织纤维品如毛麻、丝绒、锦缎与皮革质地给人以柔软、舒适、豪华之感；玻璃给人一种洁净、明亮和通透之感。不同材料的材质使材料各自具有独特性和差异性。在装饰材料的运用中，人们往往利用材质的独特性和差异性来创造富有个性的公共空间环境。

4. 光（如图 3–2–12）

图 3–2–12

光是明亮、愉悦而活跃的，振奋人的精神、满足人们心理需求。光是生命的源泉，是人居环境的要素，明亮、舒适、优美的光环境是公共必需的条件。光作为一种语言，它表达着公共空间的设计理念和艺术追求；光影是构成公共空间的重要组成部分，是空间造型和环境渲染表现不可缺少的要素。

人工光源的种类很多，可产生极为丰富的层次与变化，为公共空间的氛围提供更多的可能性，可以塑造出其他媒介无法比拟的独特效果。当人走进一个空间，无论是庄严神秘、自然清新、热闹喧哗还是静谧清幽，都与光不无关系，光历来就是创造空间氛围不可或缺的因素。它以不同的方式穿过建筑的表层，进入内部空间，在被建筑改变的同时，也以自身独特的语言塑造着空间的性格，形成各种不同的氛围。

自然光在不同时刻、不同季节、不同环境可以塑造出千变万化的空间效果。通过透射、反射、折射、扩散、吸收等方式共同展示空间的面目，显露材料质感的本色，烘托室内环境的气氛。自然光在特定的空间内会产生多种多样的表现力，会赋予人们不同的心理感受。

从自然光源照射的部位来看，一般分为侧光、角光、顶光三种。侧光是公共空间设计中运用最多的一种形式。对采光口附加镂空实体可以形成光影交织的效果。当阳光透过镂空实体的孔隙投射到室内空间的墙及地面上时，便构成了别有风味的图形和形状，阳光缓移，光影也随之变化，有运动的装饰感。侧光部位高低的不同，可构成空间意境上的微妙变化。

法国朗香教堂在运用侧光创造意境方面出神入化，勒·柯布西耶在教堂弯曲倾斜的侧墙上开设了众多并无组合规律的窗孔，这些窗孔大小不一、外小内大，呈喇叭状，且窗孔四壁的倾斜不一，当阳光从这些窗孔射入室内时，室内形成光怪陆离的效果，有的发出夺目的眩光，有的闪烁着幽灵般的光点，有的窗孔内壁昏暗，有的窗孔内壁光影渐变。尤其是窗孔中镶嵌的彩色玻璃对自然光的“异化”，带来了一种神秘的扩散效果，在整个教堂内构成了一幅自然的幻景图式。日本建筑师安藤忠雄在谈到光的运用的时候说：“我相信在建筑空间中光的‘质’比‘量’更为重要，我希望考察一下光的‘质’，它能丰富建筑的表情，给人们留下深刻的印象。从天窗或侧窗射入的光线因其进入空间的角度不同而产生不同的表情；光线通过不同的材料会变成反射光、漫射光、扩散光、直射光等，通过对光不同特性及表情的操作为空间提供一种秩序。”他创作的“光之教堂”等众多作品中光的意境也已臻于化境（如图 3–2–13）。

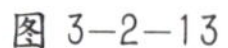

图 3–2–13

图 3–2–14

3.2.4 空间的类型（如图 3–2–14）

室内空间的类型根据建筑空间的内在和外在特征来进行区分，主要有以下几个类型：

（1）结构空间与交错空间

结构空间是通过建筑空间内部梁板柱等建筑构件部分直接外露来体现空间美感，主要手段是暴露结构，很多有钢结构的公共空间采用这种手法。类似于建筑中的“高技派”。结构空间的合理利用能体现现代感、科技感、安全感和力度感，表现技术精美地对“理性”的宣扬和一种质朴的美感。

交错空间是指在水平和垂直方向都打破常规的中规中矩，是一种具有流动效果、相互渗透、穿插交错、交错不定的空间。

（2）开敞与封闭空间

开敞空间与封闭空间是相对的，主要取决于有无围合以及围合的程度。

开敞空间是一种建筑内部与外部联系较紧密的外向型的空间，开敞型空间的主要特点是墙体面积少，采用大开洞和大玻璃门窗的形式，讲求与周围的融合渗透，限制性与私密性较小，具有一种不稳定性和流动性，受外界空间的影响相对较多，且是相对具趣味性的空间。开敞空间常用作人不作长时间停留的过渡空间。

封闭空间是一种建筑内部与外部联系较少的内向型空间类型。封闭空间是内敛、静止型的，是相对独立的具有安全感、领域感和私密性的空间。空间限制性与私密性较大，相对沉闷和封闭。

（3）静态与动态空间

静态与动态空间也是相对的，主要取决于空间中是否具有动态的因素。

静态空间是限定度较强，趋于封闭的空间，空间形式非常稳定。静止的空间，多为尽端空间。

动态空间的空间形式非常活泼、灵动，是一种将时间引入空间的概念。从人的视觉中把“动”这种观念引入了空间中，例如有自动扶梯、旋转地面、喷泉的空间。

（4）悬浮与流动空间

悬浮空间是在垂直方向采用悬吊结构或水平向横向支撑，底面不是靠常规的墙或柱子来支撑，是一种会让人产生悬浮感受的空间。

流动空间的特点是保持最大限度的空间交融和通透，常有极富动态的、有引导性的线型在空间中增加流动感。

（5）虚拟空间

虚拟空间是使用非物质实体性的手段来分割的空间形式，是依靠人的联想具有空间感的心理空间；是一种无明显界面，但又有一定限定范围的空间；是创造出某种虚拟的效果对空间进行划分的空间。虚拟空间一般借助于灯光、色彩、家具、绿化、陈设、水体、材质分隔等形式对空间进行界定和再划分来实现；一般都处于母空间中，具有一定的领域感和独立性。

（6）共享空间与母子空间

共享空间一般都处于公共建筑的公共活动中心和交通枢纽。共享空间含有多种多样的的空间要素和设施，使人们在精神上和物质上都有较大的选择性，是综合性、多用途的灵活空间；是将多种空间体系融合在一起，层次分明、丰富多彩的空间。

母子空间是在大空间中用实体或象征的手法再限定出小空间，是一种丰富的有层次的空间。

（7）下沉与抬升空间

下沉空间是室内地面局部下沉，限定出一个范围比较明确具有围合感的空间。下沉空间是空间界定性较强，领域感、层次感和围护感也较强的具有收敛感、内向性的空间，视线的改变能给人以“洼则盈”的感受。下沉空间给人以安全感，其中心突出、主次分明。

抬升空间，是室内地面局部抬高，限定出一个相对高的空间，空间其与周围空间相比变得醒目与突出的。它具有外向性和一种优越感及相对突出感，抬升空间方位感较强，层次丰富、中心突出、主次分明。

（8）不定与迷幻空间

不定空间是因人的行为与意识存在模棱两可而出现的现象，不再是以绝对的“是”与“非”出现，是具有多种功能含义，是充满了复杂与矛盾的中性空间。

迷幻空间是一种追求神秘、幽深、新奇、动荡、光怪陆离、变幻莫测的超现实的戏剧般的空间效果的空间。它一般打破常规地用材料、用色，营造出古怪不同寻常的效果的空间。多用于酒吧和 KTV 的空间设计中。

（9）凹入和外凸空间

凹入空间是室内墙面局部凹入，通常是两面或三面围合，形成墙面进深层次的空间，相对独立，是具有一定私密性的空间。

外凸空间是室内墙面的局部凸出，与室外空间融合，一般是向外凸出的窗洞，能开阔视野，也加添室内的情趣，形成墙面进深层次的一种空间。

3.2.5 室内公共空间的分隔形式与方法

（1）绝对分隔

绝对分隔是使用实体墙来分割空间的形式，这种分割方式可以对声音、光线和温度进行全方位的控制，私密性较好，独立性强。

（2）局部分隔

局部分割是指使用非实体性的手段来分割空间的形式，如家具、屏风、绿化、灯具、材质和隔断等。局部分割可以把大空间划分成若干小空间，使空间更加通透、连贯。

（3）象征分隔

象征分隔也是指使用非实体性的手段来分割空间。这样的空间是一种无明显界面，但又有一定限定范围的心理空间，是采用虚拟的空间效果进行划分的空间。一般借助于天花或墙面造型、灯光、色彩、家具、绿化、陈设、水体等形式对空间进行界定和再划分来实现。

（4）弹性分隔

软隔分割是指用珠帘、帷幔或特制的材料经常可变换位置来分割空间的形式。这种分割方式方便灵活，装饰性较强。

3.3 公共空间设计的步骤

有这种说法："设计师就是一把尺，一支笔，一张嘴。"我们应该从广义来理解"尺"、"笔"和"嘴"这三个概念。"尺"是泛指行业的规范和尺度，也是指确定的清晰的目标，另外也是指客观条件对设计师的限定。客观条件不仅是指建筑内部空间，还指使用的性质和所处的社会环境及人文环境，也是指所处的历史条件下的材料和科学技术对工艺和设计发挥的限定。"笔"是指设计师具备的美术功底及专业素养，是指设计师自由弛骋的想法，也是信马由缰地构思，更是无拘无束的的思路。"嘴"则是泛指与人交流的手段，是注重逻辑地、清晰地表达以及积极地交流，不仅是口头的交流，也是通过图纸这种特定的语言进行的交流，更是设计师与别人（包括业主、合作者、以及终端的使用者）沟通的技能。

公共空间的设计首先要进行前期的调查和设计准备工作。

3.3.1 调研阶段

1. 接受委托任务

设计准备阶段主要是接受设计任务委托书或者根据要求参加投标。

设计师在接受任务委托书后，需要对设计任务的信息进行收集，对诸多的客观因素进行了解后，对设计实施可发挥的空间可行性进行分析。设计不是海市蜃楼，也不是无源之水，除了一些假想命题，都涉及诸多客观因素的限定。设计需要建立在对各种因素充分了解和细致分析的基础上。

公共空间的设计常为建筑空间设计所限制，如能尽早在建筑设计初期阶段参与进去，会在日后室内设计的工作中取得事半功倍的效果。

2. 进行实地勘测，了解基本状况并熟悉相关法律法规

对于没有图纸或者图纸尺寸不清晰的项目，只要条件允许，必须到现场进行详细测绘。特别是一些改、扩建的项目，虽然会有一些配套的图纸，但是其往往并不能反映实际情况。现场的勘测、测绘有助于设计师更直观地认识、了解空间的尺度、形状以及门窗洞口的大小，还有采光、朝向、周围的构筑物及周边环境对其影响。此外，还便于掌握项目所在地的气候、风向、服务及配套设施和当地所能购买到的装饰材料等的信息。

对现场的勘测结果，采用笔记、手绘、拍照、录像等方式来记录。

了解并熟悉与室内设计项目有关的国家标准、行业规范和定额标准，收集分析必要的资料和信息，收集相关类似项目的资料和数据，为着手设计作准备。在有限期的时间内尽可能多地掌握相关信息，能对开拓设计者的视野、启发设计者的灵感和思路等后续工作起到很大的作用。

3. 明确业主的要求意图和对造价的限定

明确设计的任务和要求，包括使用性质、功能要求、规模、等级标准、特点、投资规模以及设计的时间、对项目的最初设想与定位、预期所需要的艺术风格与文化内涵。

设计师尽应可能多地了解业主的想法、要求和意见，听取建设性的意见，并能及时纠正某些决策者对于项目不切实际的要求。好的开始是成功的一半，对于整个项目来说，良好的沟通是设计能否成功的第一步。能否揣摩出决策者的喜好及对项目的倾向，也能避免日后花费大量的时间在客户并不认可的设计过程中。

4. 签订设计合同，制定进度安排表

在初步的方案构想与业主达成共识后，签订设计合同，制定设计进度安排表，考虑各相关工种的配合和协调，并与业主商议并确定设计费。

明确室内设计项目中所需材料的情况，掌握这些材料的价格、质量、规格、色彩、防火等级和环保指标等内容，并熟悉材料的供货渠道。

3.3.2　初步设计

方案设计阶段是在设计准备的基础上，更进一步收集、分析和运用与设计任务有关的资料与信息，构思设计方案，进行方案的比较和分析并绘制方案草图。

设计阶段中，透视图和效果图在施工图方案确定和深化阶段有着重要的作用。透视图和效果图是通过绘画（手绘或使用计算机）的手段，按照透视和比例关系绘制出来的三维立体图纸。效果图是尽量真实模拟空间整体设计效果的图纸，能形象直观地反映设计构思、体现整体空间的气氛和效果，是反映设计师设计思维的很好媒介，是设计师与他人沟通的很好的桥梁（如图 3–3–1）。

图 3—3—1

对于某些大型的公共室内设计项目，不是几张前期的电脑效果图能体现出全部设计的，可以制作或动画效果。将整个公共空间中的人流走向、功能分区、色彩搭配、材质选择以及与周围环境的关系在虚拟的动画设计效果充分展示出来，这是最直观的一种方法。但是，这需要一定的时间与人力、物力和财力，一般应用在大型的投标项目中，来凸显公司的实力和对细节的掌控能力。

设计阶段的一个重要工作是对水、暖、电、消防之间进行协调。例如在剧场室内设计中，声学设计以及对音响器材的技术参数进行协调，共同设计。在医院以及疗养院设计中，特别对残疾人的心理及其生活习惯进行了解，才能做出更具合理性以及更具针对性的方案。

3.3.3 设计阶段

设计阶段是在方案设计阶段的基础上，确定设计方案，提供设计文件，设计文件的最终成果是施工图，主要内容包括翔实的设计说明、平面图、天花图、立面图、剖面图、细部大样图和构造节点图等。施工图中应详细地标明这些图纸中相关造型的材料、尺寸和做法。另外可附材料、实样图，其中材料和实样主要展示石材、木材和织物等材料的小面积样品。

1. 平面图

平面图是最基础的设计图，是将地面景物沿铅垂线方向投影到平面上，按规定的符号和比例缩小而构成的相似图形。平面图上可显示出空间水平方向二维轮廓的形状、尺寸及空间的划分，主要反映空间的布局关系、门窗的位置、交通的流动路线、地面的铺装、地面的标高墙壁和窗户以及家具和设备的基本尺寸、摆放位置等内容（如图 3–3–2）。

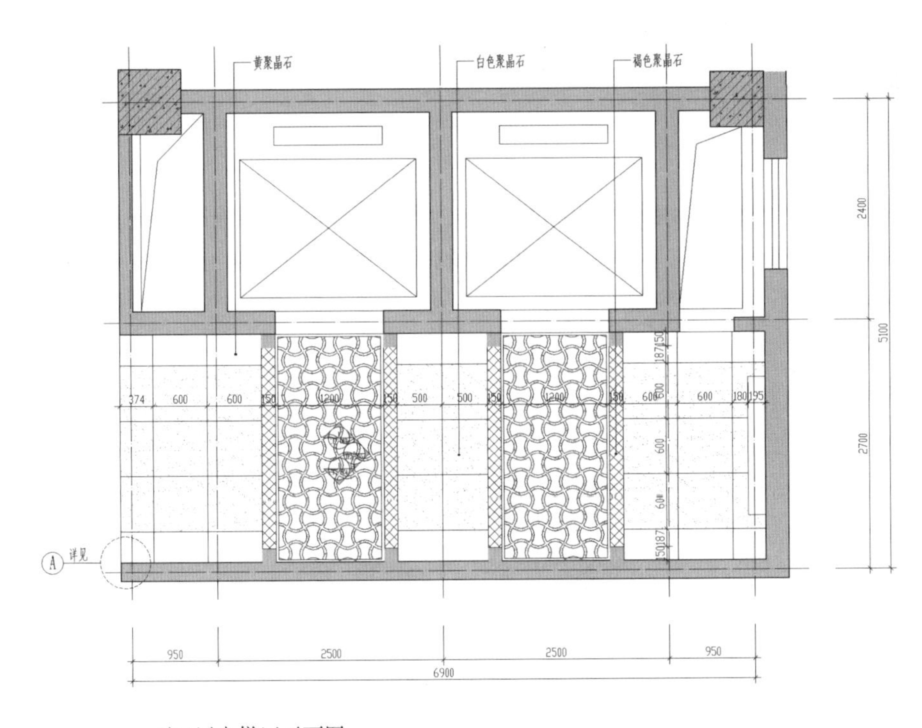

图 3—3—2

2. 天花图

天花图是将天花投影在平面的图，主要反映吊项的造型形式、天花的标高与尺寸、天花的材料、灯具的布置以及空调系统的出风口和回风口等设备的位置在天花上的反映（如图 3–3–3）。

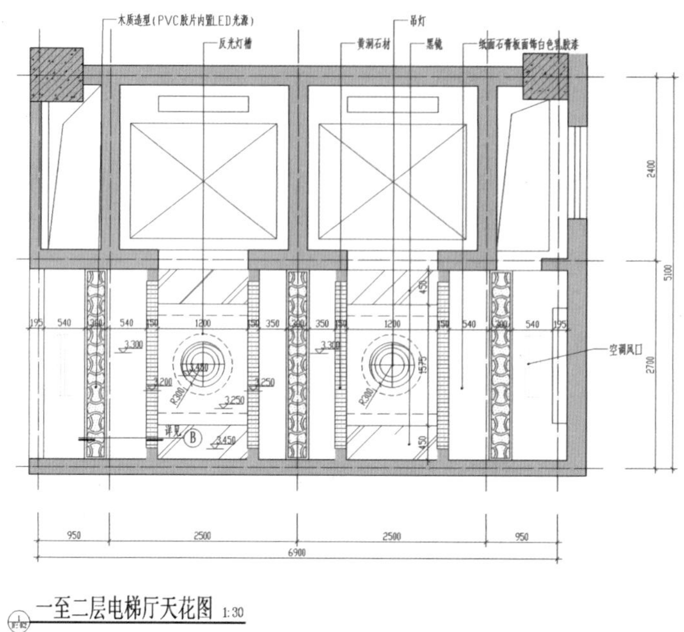

图 3-3-3

3. 立面图

立面图是空间中的水平方向的投影图，主要反映墙面或隔断的长、宽、高的尺度以及墙面造型的样式、尺寸、色彩和材料，墙面陈设品、灯具的布置以及设备在立面上的位置等的内容（如图 3-3-4 至图 3-3-6）。

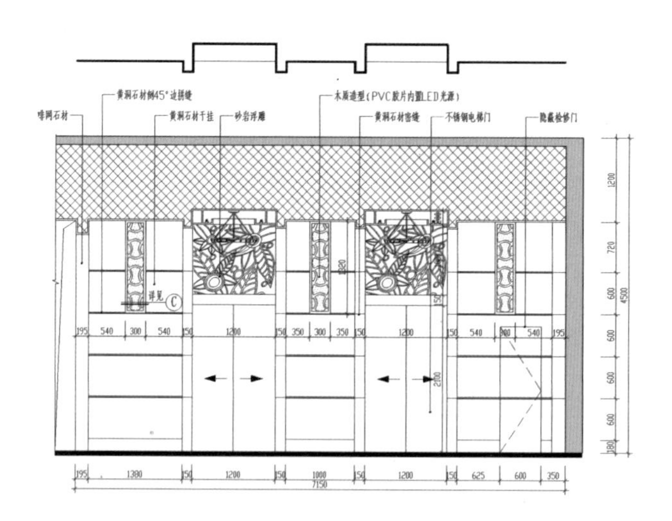

图 3-3-4

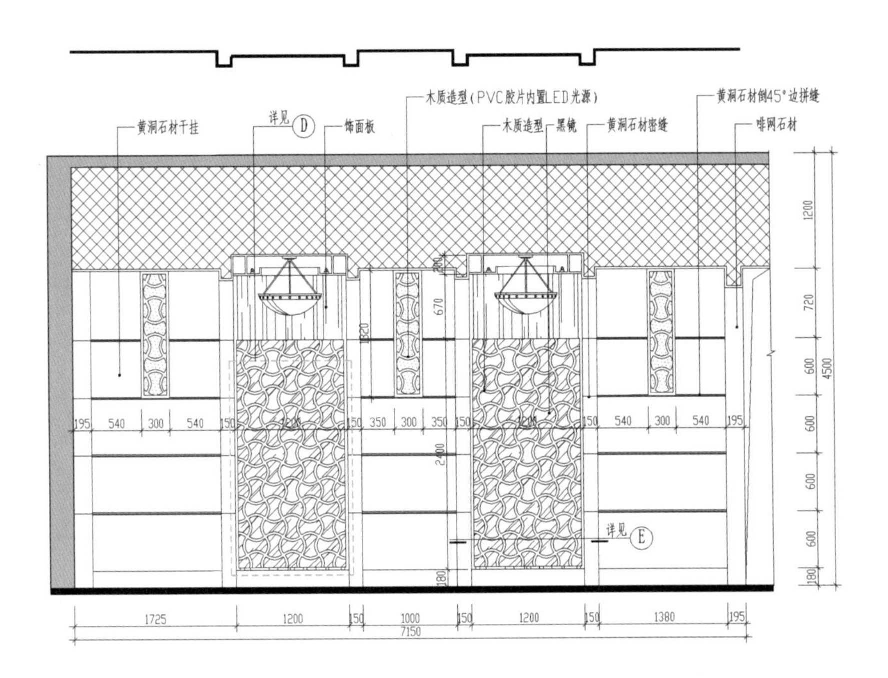
黄洞石材干挂
详见 D
饰面板
木质造型(PVC胶片内置LED光源)
木质造型
黑镜
黄洞石材密缝
黄洞石材倒45°边拼缝
啡网石材
详见 E
一至二层电梯厅立面图 1:30

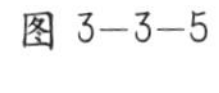

图 3-3-5

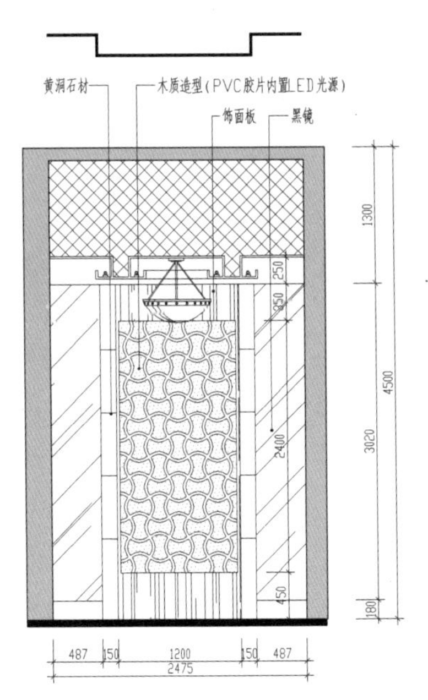
黄洞石材
木质造型(PVC胶片内置LED光源)
饰面板
黑镜
一至二层电梯厅立面图 1:30

图 3-3-6

4. 剖面图

剖面图是假想用剖切平面在建筑平面图的横向或纵向沿主要入口、窗洞口、楼梯等需要剖切的位置上将房屋垂直地剖开，移去靠近观察者视线的部分后所作的正投影图（如图 3–3–7）。

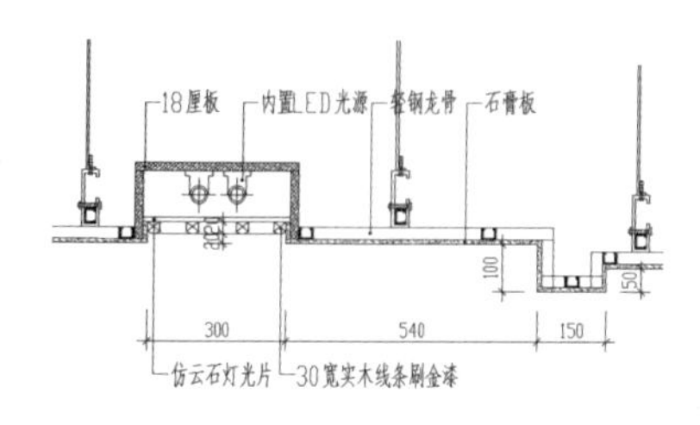

B 电梯厅天花造型剖面 1:10

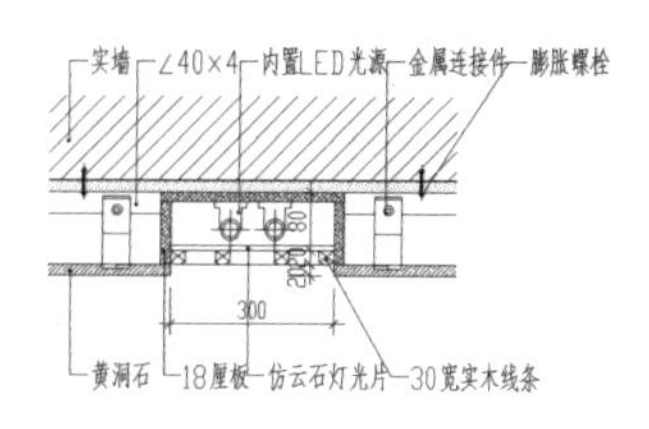

C 一至二层电梯厅立面造型剖面 1:10

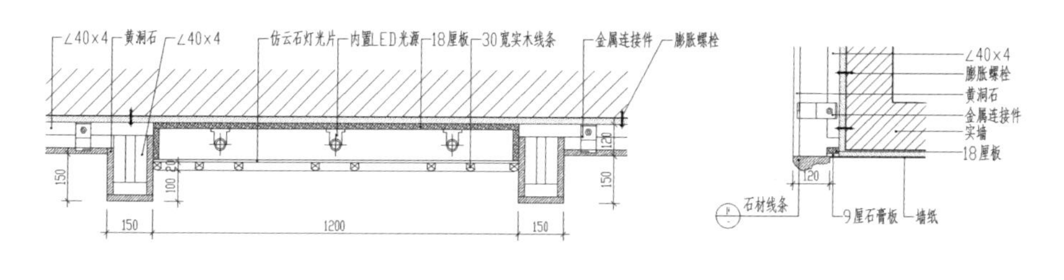

D 电梯厅立面造型剖面 1:10

A 一至二层电梯厅门洞石材门套剖面 1:10

图 3—3—7

5. 局部详图

局部详图是指针对平面、天花、立面或剖面图中某一特定区域进行特殊性放大标注，以较详细地表示出来，包括节点、大样图等。局部详图用以表达在其他图纸上无法充分表达的细节部分，往往采用大比例尺绘制。某些形状特殊、开孔或连接较复杂的节点，在整体图中不便表达清楚时，可移出另画大样图。大样图上能更详细地反映出材质、尺寸、造型等（如图 3–3–8）。

3.3.4 施工阶段

设计实施阶段是设计师通过与施工单位的合作，将设计图纸转化为实际工程效果的过程。在这一阶段，设计师应与施工人员进行广泛的沟通和交流，及时解答现场施工人员所遇到的问题，并进行合理的设计调整和修改，在合同规定的期限内保质保量地完成工程项目。

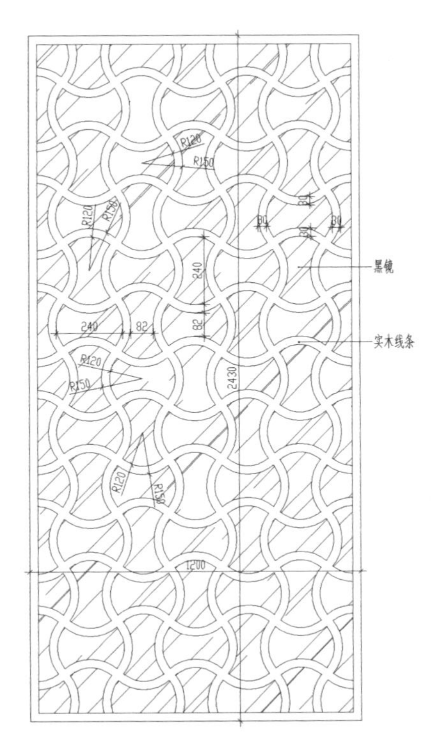

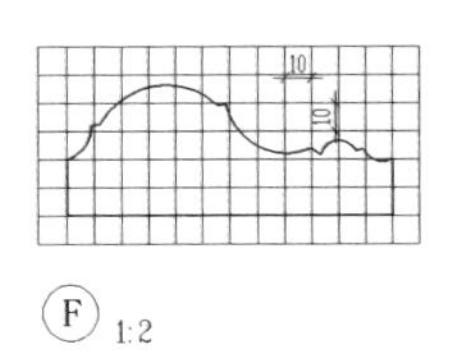

F 1:2

图 3—3—8

公共空间的设计是一个解决各种问题和矛盾的过程，设计师必须有前瞻性，尽可能地减少施工中问题和矛盾的发生。但是设计方案实施阶段中或多或少都会有施工图不能完全解决的施工问题，因此说没有参与过设计方案实施的设计师不是一个好设计师。参与并不是要设计师去拿施工工具参与细节工作，而是在施工进行过程中，不断会有各种各样的问题，设计师在解决各种问题，在对设计原则问题的把握和设计问题的重点与次重点解决排序的过程中，最能体现、锻练、培养设计能力。

后期的家具和陈设的配置也是能否实现公共空间设计的效果的一个重要环节。

3.3.5 实施方案评估阶段

方案的评估越来越受到重视，方案实施后的结果，业主由原来单一的被动型的接受式，逐渐开始要求设计师进行跟踪式的后续服务。在工程交付后的合理使用期内，了解是否达到预期的效果及意图、使用者是否满意以及项目的运营使用成本是否能达到要求等，便于针对满意程度进行评价。

实施方案的评估有利于设计者了解项目使用后才能出现的问题，并加以改进和积累经验，也有利于设计师为业主在使用中遇到的问题作出改进意见。

【本章小结】

本章概括地介绍了公共空间设计的设计原则（包括实用性原则、舒适性原则、形式美原则等），也对公共空间设计中的具体设计方法和设计步骤进行了介绍。

【任务分析】

通过本章的学习，对公共空间设计原则、方法、步骤建立基本的概念，掌握各部分的具体运用，为后续的项目设计做好理论知识的储备。

【复习思考题】

1. 公共空间设计的基本原则有哪些？形式美原则中提到哪些空间构成法则？

2. 建筑空间有哪些具体类型？各自的特点是什么？

3. 项目设计大概需要经过哪些步骤？各步骤的核心是什么？

第 4 章　公共空间设计通则与规范

公共室内空间设计是集技术与艺术于一体的环境艺术学科，它运用现代化工程技术手段创建人类生存环境的空间，涉及物理学、材料学、化学、光学、电子学等学科。这门专业有自己的科学工作方法，它营造环境空间氛围的同时，更重要的核心问题是用科学技术的方法满足人类生存，给人们的生活带来丰富多彩的环境美的享受。公共室内空间设计归属于艺术范畴的活动，而工程技术的成分尤其独特和重要。公共室内空间设计是室内设计中最为复杂的门类，不仅涉及各类装修工程和环境工程的交汇构造，又要求富有创意想象。只有科学的实施步骤和遵循设计的各项规则和规范，才能创造出良好的公共空间环境。

【学习目标】

本章介绍公共空间设计的通则，主要包括建筑空间各具体部位的常规尺度、建筑内部装饰设计防火规范、装饰材料的分类与分级等方面的内容，也介绍了公共空间设计的基本规范。通过对这些具体内容的学习，使大家对公共空间的设计建立较完备的概念。

图 4—0

4.1　公共空间设计通则

公共空间为保证符合适用、安全、卫生的基本要求，必须遵守各项规则和规范。以下是建筑设计中有关室内公共空间的一些设计通则。

4.1.1　室内净高（如图 4–1–1）

图 4—1—1

（1）室内净高应按照地面至吊顶或楼板底面之间的垂直高度计算；楼板或屋盖下的下悬构件影响有效使用空间者，应按照地面至结构下缘之间的垂直高度计算。

（2）建筑物各种用房的室内净高应按单项建筑设计规范的规定执行。地下室、储藏室、局部夹层、走道及房间的最低处的净高不应低于 2m。

例如学校用房主要房间净高要求（表 4–1–1）。

表 4–1–1

房间名称	净高 /m
小学教室	3.10
中学、中师、幼师教室	3.40
实验室	3.40
舞蹈教室	4.50
教学辅助用房	3.10
办公及服务用房	2.80
合班教室的净高度根据跨度决定	3.60
设双层床的学生宿舍	3.00

4.1.2 楼梯、台阶、坡道、栏杆（如图 4–1–2）

图 4–1–2

（1）楼梯的数量、位置和楼梯的形式应满足使用方便和安全疏散的要求。

（2）楼段净宽除应符合防火规范的规定外，供日常主要交通用的楼梯的净宽度应根据建筑物使用特征，一般按每股人流宽度为 0.55+（0~0.15）m 的人流股数确定，并不应少于两股人流。公共空间中人流众多的场所应该取上限值。

（3）楼段改变方向时，平台扶手处的最小宽度不应小于梯段净宽。当有搬运大型物件需要时，应再适量加宽。

（4）每个梯段的踏步一般不应超过 18 级，亦不少于 3 级。

（5）楼梯平台上部及下部过道处的净高不应小于 2 m，梯段净高不应小于 2.2m。

（6）楼梯应至少于一侧设扶手，楼段净宽达三股人流时应两侧设扶手，达四股人流时应加设中间扶手。

（7）室内楼梯扶手高度自踏步前缘线量起不宜少于 0.90 m。靠楼梯井一侧水平扶手超过 0.50m 长时，其高度不应小于 1m。

（8）踏步前缘部分宜有防滑措施。

（9）有儿童经常使用的楼梯，梯井净宽大于 0.20 m，必须采取安全措施；栏杆应采用不易于攀登的构造，垂直杆件间的净距不应大于 0.11m。

（10）楼梯踏步的最小宽度和最大高度比应符合表 4-1-2 的规定。

表 4-1-2

楼梯类型	最小宽度 /m	最大高度 /m
住宅共用楼梯	0.25	0.18
幼儿园、小学校等楼梯	0.26	0.15
电影院、剧场、体育馆、商场、医院、疗养院等楼梯	0.28	0.16
其他建筑物楼梯	0.26	0.17
专用服务楼梯、住宅内楼梯	0.22	0.22

（11）无中柱螺旋梯和弧形楼梯离内侧扶手 0.25 m 处的踏步宽度不应小于 0.22 m。

（12）室内外台阶踏步宽度不宜小于 0.30 m，踏步高度不宜大于 0.15 m，室内台阶踏步数不应少于 2 级。

（13）人流密集的场所台阶高度超过 1 m 时，宜有护栏设施。

（14）室内坡道不宜大于 1∶8，室外坡道不宜大于 1∶10，供轮椅使用的坡道不应大于 1∶12。

（15）室内坡道水平投影长度超过 15 m 时，宜设休息平台，平台宽度应根据轮椅或病床等尺寸及所需缓冲空间而定。

（16）坡道应用防滑地面。

（17）供轮椅使用的坡道两侧应设高度为 0.65 m 的扶手。

（18）栏杆应采用坚固、耐久的材料制作，并能承受荷载规范规定的水平荷载。

（19）栏杆高度不应小于 1.05 m，高层建筑的栏杆高度应再适当提高，但不宜超过 1.20 m。

4.1.3 电梯、自动扶梯

（1）电梯井道和机房不宜与主要用房贴邻布置，否则应采取隔振、隔声措施。

（2）自动扶梯起止平台的深度除满足设备安装尺寸外，还应根据梯长和使用场所的人流留有足够的等候及缓冲面积。

4.1.4 楼地面、吊顶、门窗

（1）除有特殊使用要求外，楼地面应满足平整、耐磨、不起尘、防滑、易于清洁等要求。

（2）有给水设备或有浸水可能的楼地面，其面层和结合层应采用不透水材料构造；当为楼面时，应采取加强整体防水的措施。

（3）存放食品、食料或药物等的房间，其存放物有可能与地面直接接触者，严禁采用有毒性的塑料、涂料或水玻璃等做面层材料。

（4）抹灰吊顶应设检修入孔及通风口。

（5）吊顶内设上下水管时应防止产生冷凝水。

（6）高大厅堂和管线较多的吊顶内，应留有检修空间，并根据需要设走道板。

（7）门、窗的材料、尺寸、动能和质量等要符合国家建筑门窗综合标准的规定。

（8）开向公共走道的窗扇，其底面高度不应低于 2 m。

（9）窗台低于 0.8 m 时，应采取防护措施。

（10）双面弹簧门应在可视高度部分装透明玻璃。

（11）旋转门、电动门和大型门邻近应另设普通门。

（12）开向疏散走道及楼梯门的门扇开足时，不应影响走道及楼梯平台的疏散宽度。

4.1.5 厕所、盥洗室、浴室（如图 4-1-3）

图 4-1-3

（1）厕所、盥洗室、浴室不应布置在餐厅、食品加工、食品储存、配电及变电等有严格卫生要求或防潮要求用房的直接上层。

（2）各类公共空间卫生设备设置的数量应符合单项建筑设计规范的规定。当采用非单件设备时，小便槽按每位 0.60 m 长度计作一件，盥洗槽按每位 0.70 m 长度计作一件。

（3）厕所、盥洗室、浴室宜有天然采光和不向邻室对流的直接自然通风，严寒及寒冷地区宜设自然通风道；当自然通风不能满足通风换气要求时，应采用机械通风。

（4）楼地面、楼地面沟槽、管道穿楼板及楼板接墙面处应严密防水、防渗漏。

（5）楼地面、墙面（或墙裙）、小便槽面层应采用不吸水、不吸污、耐腐蚀、易于清洗的材料。

（6）室内上下水管和浴室顶棚应防冷凝水下滴，浴室热水管应防止烫到人。

（7）厕所应设洗手盆，并应设前室或有遮挡措施。

（8）盥洗室宜设搁板、镜子、衣钩等设施。

（9）浴室应设洗脸盆和衣钩，浴室不与厕所毗连时应设便器，浴位较多时应设集中更衣室及更衣柜。

（10）厕所和浴室隔间的平面尺寸应不小于表 4–1–3 的规定。

表 4–1–3

类别	平面尺寸（宽 m× 深 m）
外开门的厕所隔间	0.90×1.20
内开门的厕所隔间	0.90×1.40
外开门的淋浴隔间	1.00×1.20
内设更衣凳的淋浴隔间	1.00×（1.00+0.60）
盆浴隔间	浴盆长度 ×（浴盆宽度 +0.65）

（11）厕所隔间高度应为 1.50~1.80 m，淋浴和盆浴隔间高度应为 1.80 m。

（12）第一具洗脸盆或盥洗槽水嘴中心与侧墙面净距不应小丁 0.55 m。

（13）并列洗脸盆或盥洗槽水嘴中心距不应小于 0.70 m。

（14）单侧并列洗脸盆或盥洗槽外沿至对面墙的净距不应小于 1.25 m。

（15）双侧并列洗脸盆或盥洗槽外沿之间的净距不应小于 1.80 m。

（16）浴缸长边至对面墙的净距不应小于 0.65 m。

（17）并列小便器的中心距离不应小于 0.65 m。

（18）单侧隔间至对面墙面的净距及双侧隔间之间的净距：当采用内开门时，不应小于 1.10 m；当采用外开门时，不应小于 1.30 m。

（19）单侧厕所隔间至对面小便器或小便槽外沿之间的净距：当采用内开门时，不应小于 1.10 m；当采用外开门时，不应小于 1.30 m。

4.2 建筑内部装修设计防火规范

建筑内部装修的消防安全原则为“预防为主、防消结合”。

本规范不适用于古建筑和木结构建筑的内部装修设计。建筑内部装修设计应妥善处理装修效果和使用安全的矛盾，积极采用不燃性材料和难燃性材料，尽量避免采用燃烧时会产生大量浓烟或有毒气体的材料，做到安全适用、技术先进、经济合理（如图 4-2-1）。

图 4-2-1

4.2.1 装修材料的分类和分级

（1）装修材料按其使用部位和功能，可划分为七类：顶棚装修材料、墙面装修材料、地面装修材料、隔断装修材料、固定家具、装饰织物（指窗帘、帷幕、家具等）、其他装饰材料（梯扶手、挂镜线、窗帘盒、暖气罩等）。

（2）装修材料按其燃烧性能应划分为四级，并应符合表 4-2-1 的规定。

表 4-2-1

等级	装修材料燃烧性能
A	不燃性
B1	难燃性
B2	可燃性
B3	易燃性

（3）安装在钢龙骨上的纸面石膏板，可做为 A 级装修材料使用。

（4）当胶合板表面涂覆一级饰面型防火涂料时，可做为 B1 级装修材料使用。

（5）单位重量小于 300 g/m^3 的纸质、布质壁纸，当直接粘贴在 A 级基材上时，可做为 B1 级装修材料使用。

（6）施涂于 A 级基村上的无机装饰涂料，可做为 A 级装修材料使用；施涂于 A 级基材上，湿涂覆比小于 1.5 kg/m^2 的有机装饰涂料，可做为 B1 级装修材料使用。涂料施涂于 B1、B2 级基材上时，应将涂料连同基材一起确定燃烧性能等级。

（7）当采用不同装修材料进行分层装修时，各层装修材料的燃烧性能等级均应符合本规范的规定。

4.2.2 公共空间设计防火规范（如图 4-2-2）

图 4-2-2

（1）当顶棚或墙面表面局部采用多孔或泡沫状塑料时，其厚度不应大于15mm，面积不得超过该房间顶棚或墙面面积的10%。

（2）除地下建筑外，无窗房间的内部装修材料的燃烧性能等级，除A级外，应在本章规定的基础上提高一级。

（3）图书馆、资料室、档案室和存放文物的房间，其顶棚、墙面应采用A级封资修材料，地面应采用不低于B1级的装修材料。

（4）大中型电子计算机房、中央控制室、电话总机房等放置特殊贵重设备的房间，其顶棚和墙面应采用A级装修材料，地面及其他装修应采用不低于B1级的装修材料。

（5）消防水泵房、排烟机房、固定灭火系统钢瓶间、配电室、变压器室、通风和空调机房等，其内部所有装修均应采用A级装修材料。

（6）无自然采光的楼梯间、封闭楼梯间、防烟楼梯间的顶棚、墙面和地面均应采用A级装修材料。

（7）建筑物内设有上下层相连通的中庭、走马廊、开敞楼梯、自动扶梯时，其连通部位的顶棚、墙面应采用A级装修材料，其他部位应采用不低于B1级的装修材料。

（8）防烟的挡烟垂壁，其装修应采用A级装修材料。

（9）建筑内部的变形缝（包括沉降缝、伸缩缝、抗震缝等）两侧的基层应采用A级材料，表面装修应采用不低于B1级的装修材料。

（10）建筑内部的配电箱不应直接安装在低于B1级的装修材料上。

（11）照明灯具的高温部位，当靠近非A级装修材料时，应采取隔热、散热等防火保护措施。灯饰所用材料的燃烧性能等级不应低于B1级。

（12）公共建筑内部不宜设置采用B3级装饰材料制成的壁挂、雕塑、模型、标本；需要设置时，不应靠近火源或热源。

（13）地上建筑的水平疏散走道和安全出口的门厅，其顶棚装饰材料应采用A级装修材料，其他部位应采用不低于B1级的装修材料。

（14）建筑内部消火栓的门不应被装饰物遮掩，消火栓四周的装修材料颜色应与消火栓门的颜色有明显区别。

（15）建筑内部装修不应遮挡消防设施和疏散指示标志及出口，并且不应妨碍消防设施和疏散走道的正常使用。

（16）建筑物内的厨房，其顶棚、墙面、地面均应采用 A 级装修材料。

（17）经常使用明火器具的餐厅、科研试验室，装修材料的燃烧性能等级，除 A 级外，应在本章规定的基础上提高一级。

（18）单层、多层民用建筑内部各部位装修材料的燃烧性能等级，不应低于表 4-2-2 的规定：

表 4-2-2

建筑物及场所	建筑规模、性质	装修材料燃烧性能等级							
		顶棚	墙面	地面	隔断	固定家具	装饰织物		其他装饰材料
							窗帘	帷幕	
候机楼的候机大厅、商店、餐厅、贵宾候机室、售票厅等	建筑面积 $>10000\ m^2$ 的候机楼	A	A	B1	B1	B1	B1		B1
	建筑面积 $\leq 10000\ m^2$ 的候机楼	A	B1	B1	B1	B2	B2		B2
汽车站、火车站、轮船客运站的候车（船）室、餐厅、商场等	建筑面积 $>10000\ m^2$ 的车站、码头	A	A	B1	B1	B2	B2		B1
	建筑面积 $\leq 10000\ m^2$ 的车站、码头	B1	B1	B1	B2	B2	B2		B2
影院、食堂、礼堂、剧院、音乐厅	>800 座位	A	A	B1	B1	B1	B1	B1	B1
	≤ 800 座位	A	B1	B1	B1	B2	B1	B1	B2
体育馆	>3 000 座位	A	A	B1	B1	B1	B1	B1	B2
	≤ 3 000 座位	A	B1	B1	B1	B2	B2	B1	B2
商场营业厅	每层建筑面积 $>3\ 000\ m^2$ 或总建筑面积 $>9\ 000\ m^2$ 的营业厅	A	B1	A	A	B1	B1		B2
	每层建筑面积 $1000 \sim 3000 m^2$ 或总建筑面积 $3000 \sim 9000 m^2$ 的营业厅	A	B1	B1	B1	B2	B1		
	每层建筑面积 $<1000\ m^2$ 或总建筑面积 $<3000\ m^2$ 的营业厅	B1	B1	B1	B2	B2	B2		
饭店、旅馆的客房及公共活动用房等	设有中央空调系统的饭店、旅馆	A	B1	B1	B1	B2	B2		B2
	其他饭店、旅馆	B1	B1	B2	B2	B2	B2		
歌舞厅、餐馆等娱乐、餐饮建筑	营业面积 $>100\ m^2$	A	B1	B1	B1	B2	B1		B2
	营业面积 $\leq 100\ m^2$	B1	B1	B1	B2	B2	B2		B2
幼儿园、托儿所、医院病房楼、疗养院、养老院		A	B1	B1	B1	B2	B2		B2

建筑物及场所	建筑规模、性质	装修材料燃烧性能等级							
		顶棚	墙面	地面	隔断	固定家具	装饰织物		其他装饰材料
							窗帘	帷幕	
纪念馆、展览馆、博物馆、图书馆、档案馆、资料馆等	国家级、省级	A	B1	B1	B1	B2	B1		B2
	省级以下	B1	B1	B2	B2	B2	B2		B2
办公楼、综合楼	设有中央空调系统的办公楼、综合楼	A	B1	B1	B1	B2	B2		B2
	其他办公楼、综合楼	B1	B1	B2	B2	B2			
住宅	高级住宅	B1	B1	B1	B1	B2	B2		B2
	普通住宅	B1	B2	B2	B2	B2	B2		

（19）单层、多层民用建筑内面积小于 100m^2 的房间，当采用防火墙和耐火极限不低于 1.2h 的防火门窗与其他部位分隔时，其装修材料的燃烧性能等级可在表 4-2-2 的基础上降一级。

（20）当单层、多层民用建筑内装有自动灭火系统时，除顶棚外，其内部装修材料的燃烧等级可在表 4-2-2 的规定的基础上降低一级；当同时装有火灾自动报警装置和自动灭火系统时，其顶棚装修材料的燃烧性能等级可在表 4-2-2 规定的基础上降低一级，其他装修材料的燃烧性能等级可不限制。

（21）高层民用建筑内部各部位装修材料的燃烧性能等级，不应低于表 4-2-3 的规定。

表 4-2-3

建筑物类型	建筑规模、性质	装修材料燃烧性能等级									
		顶棚	墙面	地面	隔断	固定家具	装饰织物				其他装饰材料
							窗帘	帷幕	床罩	家具包布	
高级旅馆	>800 座位的观众厅、会议厅、顶层餐厅	A	B1	B1	B1	B1	B1	B1		B1	B1
	≤ 800 座位的观众厅、会议厅	A	B1	B1	B1	B2	B1	B1		B2	B1
	其他部位	A	B1	B1	B2	B2	B1	B2	B1	B2	B1
商业楼、展览楼、综合楼、商住楼、医院病房楼	一类建筑	A	B1	B1	B1	B2	B1	B1		B2	B1
	二类建筑	B1	B1	B2	B2	B2	B2	B2		B2	B2
电信楼、财贸金融楼、邮政楼、广播电视楼、电力调度楼、防灾指挥调度楼	一类建筑	A	A	B1	B1	B1	B1	B1		B2	B1
	二类建筑	B1	B1	B2	B2	B2	B1	B2		B2	B2

续表

建筑物类型	建筑规模、性质	装修材料燃烧性能等级									
		顶棚	墙面	地面	隔断	固定家具	装饰织物				其他装饰材料
							窗帘	帷幕	床罩	家具包布	
教学楼、办公楼、科研楼、档案楼、图书馆	一类建筑	A	B1	B1	B1	B2	B1	B1		B1	B1
	二类建筑	B1	B1	B2	B1	B2	B1	B2		B2	B2
住宅、普通旅馆	一类普通旅馆高级住宅	A	B1	B2	B1	B2	B1		B1	B2	B1
	二类普通旅馆普通住宅	B1	B1	B2	B2	B2	B2		B2	B2	B2

（22）除 100m 以上的高层民用建筑及大于 800 座位的观众厅、会议厅、顶层餐厅外，当设有火灾自动报警装置和自动灭火系统时，除顶棚外，其内部装修材料的燃烧性能等级可在表 4–2–3 规定的基础上降低一级。

（23）电视塔等特殊高层建筑内部装修，均应采用 A 级装修材料。

4.2.3 常用建筑内部装修材料燃烧性能等级划分举例（表 4–2–4）

表 4–2–4

材料类别	级别	材料举例
各部位材料	A	花岗石、大理石、水磨石、水泥制品、混凝土制品、石膏板、石灰制品、黏土制品、玻璃、瓷砖、马赛克、钢铁、铝、铜合金等
顶棚材料	B1	纸面石膏板、纤维石膏板、水泥刨花板、矿棉装饰吸声板、玻璃棉装饰吸声板、珍珠岩装饰吸声板、难燃胶合板、难燃中密度纤维板、岩棉装饰板、难燃木材、铝箔复合材料、难燃酚醛胶合板、铝箔玻璃钢复合材料等
墙面材料	B1	纸面石膏板、纤维石膏板、水泥刨花板、矿棉板、玻璃棉板、珍珠岩板、难燃胶合板、难燃中密度纤维板、防火塑料装饰板、难燃双面刨花板、多彩涂料、难燃墙纸、难燃墙布、难燃仿花岗岩装饰板、氯氧镁水泥装配式墙板、难燃玻璃钢平板、PVC 塑料护墙板、轻质高强复合墙板、阻燃模压木质复合板材、彩色阻燃人造板、难燃玻璃钢等
	B2	各类天然木材、木制人造板、竹材、纸制装饰板、装饰微薄木贴面板、印刷木纹人造板、塑料贴面装饰板、聚脂装饰板、复塑装饰板、塑纤板、胶合板、塑料壁纸、无纺贴墙布、墙布、复合壁纸、天然材料壁纸、人造革等
地面材料	B1	硬 PVC 塑料地板、水泥刨花板、水泥木丝板、氯丁橡胶地板等
	B2	半硬质 PVC 塑料地板、PVC 卷材地板、木地板氯纶地毯等
装饰织物	B1	经阻燃处理的各类难燃织物等
	B2	纯毛装饰布、纯麻装饰布、经阻燃处理的其他织物等

续表

材料类别	级别	材料举例
其他装饰材料	B1	聚氯乙烯塑料、酚醛塑料、聚碳酸脂塑料、聚四氟乙烯塑料、三聚氰胺、脲醛塑料、硅树脂塑料装饰型材、经阻燃处理的各类织物等。另见顶棚材料和墙面材料内中的有关材料
	B2	经阻燃处理的聚乙烯、聚丙烯、聚氨酯、聚苯乙烯、玻璃钢、化纤织物、木制品等

4.2.4 不同功能空间的常用防火规范

1. 商业空间

（1）商店的易燃、易爆商品库房宜独立设置；存放少量易燃、易爆的商品库房如与其他库房合建时，应设有防火墙隔断。

（2）大中型商业建筑中有屋盖的通廊或中庭（共享空间）及其两边建筑，各成防火分区时，应符合下列规定：

①当两边建筑高度小于 24 m，则通廊或中庭的最狭处宽度不应小于 6 m；当建筑高度大于 24 m，则该处宽度不应小于 13 m。

②商店建筑内如设有上下层相连通的开敞楼梯、自动扶梯等开口部位时，应按上下连通层作为一个防火分区，其建筑面积之和不应超过防火规范的规定。

③防火分区间应采用防火墙分隔，如有开口部位应设防火门窗或防火卷帘并装有水幕。

（3）商店营业厅的每一防火分区安全出口数目不应少于两个，营业厅内任何一点至最近安全出口直线距离不宜超过 20 m。

（4）商店营业厅的出入门、安全门净宽度不应小于 1.40 m，并不应设置门槛。

（5）商店营业部分的疏散通道和楼梯间内的装修橱窗和广告牌等均不得影响设计要求的疏散宽度。

（6）大型百货商店、商场建筑物的营业层在五层以上时，宜设置直通屋顶平台的疏散楼梯间不少于 2 座，屋顶平台上无障碍物的避难面积不宜小于最大营业层建筑面积的 50%。

（7）商店营业部分疏散人数的计算，可按每层营业厅和为顾客服务用房的面积总数乘以换算系数（人 /m^2）来确定第一、二层，每层换算系数为 0.85；第三层，换算系数为 0.77；第四层及以上各层，每层换算系数为 0.60。

2. 办公空间

大空间办公是指一个层面全部或大部分区域未作墙体分隔或将房间隔墙和走

道隔墙拆除后的开放办公空间。实施大空间后，建筑内部疏散走道与办公区域在同一个空间内，为确保疏散的安全可靠，对办公场所墙面装修材料和家具在现行规范的基础上作出更严格的要求：

（1）超高层、高层建筑的墙面材料应达到 A 级，局部需要做木装修的可采用 B1 级材料，但不应超过墙面的 10%。

（2）多层建筑的墙面材料不应低于 B1 级，局部需要做木装修的可采用 B2 级的材料，但不应超过墙面积的 20%。

（3）顶面和地面的装修材料仍按《建筑内部装修设计防火规范》的规定执行。

（4）超高层、一类高层建筑内的家具，如办公桌、柜等宜使用防火板材或金属材料。

3. 酒店空间

（1）集中式旅馆的每一防火分区应设有独立的、通向地面或避难层的安全出口，并不得少于 2 个。

（2）旅馆建筑内的商店、商品展销厅、餐厅、宴会厅等火灾危险性大、安全性要求高的功能区及用房，应独立划分防火分区或设置相应耐火极限的防火分隔，并设置必要的排烟设施。

（3）旅馆的客房、大型厅室、疏散走道及重要的公共用房等处的建筑装修材料，应采用非燃烧材料或难燃烧材料，并严禁使用燃烧时能产生有毒气体及窒息性气体的材料。

（4）公共用房、客房及疏散走道内的室内装饰，不得将疏散门及其标志遮蔽或引起混淆。

（5）各级旅馆建筑的自动报警及自动喷水灭火装置应符合现行《火实自动报警系统设计规范》及《自动喷水灭火系统设计规范》的规定。

（6）消防控制室应设置在便于维修和管线布置最短的地方，并应设有直通室外的出口。

（7）消防控制室应设外线电话以及至各重要设备用房和旅馆主要负责人的对讲电话。

（8）旅馆建筑应设火灾事故照明及明显的疏散指示标志，其设置标准及范围应符合防火规范的规定。

（9）电力及照明系统应按消防分区进行配置，以便在火灾情况下进行分区控制。

（10）当高层旅馆建筑设有垃圾道、污水井时，其井道内应设置自动喷水灭火装置。

4. 其他常用防火规范

（1）装修材料燃烧等级的降级

在未装有建筑自动消防设施的单、多层建设中，下述条件同时满足时其装修材料的燃烧性能等级可在规范规定的基础上降低一级：

①单层、多层民用建筑内面积小于 100 m^2 的房间。

②采用防火墙和甲级防火门窗与其他部位分离。

（2）当单层、多层民用建筑内装有自动灭火系统时，除顶棚外，其内部装修材料的燃烧性能等级可在规定的基础上降低一级。

（3）当同时装有火灾自动报警装置和自动灭火系统时，其顶棚装修材料的燃烧性能等级可在规定的基础上降低一级，其他装修材料的燃烧性能等级不受限制。

（4）高层民用建筑的裙房内面积小于 500 m^2 的房间，当设有自动灭火系统，并且采用耐火等级不低于 2h 的隔墙、甲级防火门、窗与其他部位分离时，顶棚、墙面、地面的装修材料的燃烧性能等级可在规范的基础上降低一级。

（5）歌舞娱乐放映场所、100 m 以上的高层民用建筑以及大于 800 个座位的观众厅、会议厅、顶层餐厅即使装有建筑自动消防实施，内部装修材料的燃烧性能等级也不能降低。

5. 一类高层建筑的限定（表 4-2-5）

表 4-2-5

公共建筑	1. 医院 2. 高级旅馆 3. 建筑高度超过 50 m 或每层建筑面积超过 1000 m^2 4. 建筑高度超过 50 m^2 或每层建筑面积超过 1500 m^2 的商业楼 5. 中央级和省级（含计划单列市）广播电视楼 6. 网局级和省级（含计划单列市）电力调度楼 7. 省级（含计划单列市）邮政楼、防灾指挥调度楼 8. 重要的办公楼、科研楼、档案楼 9. 重要的办公楼、科研楼、档案楼 10. 建筑高度超过 50 m 的教学楼和普通的旅馆、办公楼、科研楼、档案楼等

6. 一、二级耐火等级建筑物，其楼板的耐火极限

一级耐火等级建筑物的楼板应为不燃体，耐火极限应在 1.5 h 以上；二级耐

火等级建筑物应为不燃烧体，耐火极限应在 1.0h 以上。

4.2.5 安全疏散及自动喷水灭火系统（如图 4-2-3）

图 4-2-3

1. 安全疏散的基本概念

（1）建筑物内的安全疏散设施

一般来讲，建筑的安全疏散设施有疏散楼梯和楼梯间、疏散走道、安全出口、应急照明和疏散指示标志、应急广播及辅助救生设施等；对高层建筑，还需设置避难层和直升飞机停机坪等。

（2）安全出口的设置要求

①高层居住建筑的户门不应直接开向前室，当确有困难时，部分开向前室的户门均应为乙级防火门。

②高层建筑地下室、半地下室，每个防火分区的安全出口不应少于两个。当有两个以上防火分区，且相邻防火分区之间的防火墙上设有防火门时，每个防火区可分别设一个直通室外的安全出口。房间面积不超过 $50m^2$，且经常停留人数不超个 15 人的房间，可设一道门。

③高层建筑的安全出口应分散布置，两个安全出口之间的距离不应小于 5m。

④高层建筑（除 18 层及 18 层以下的塔式住宅和顶层为外通廊式住宅）通向屋顶的疏散楼梯不宜少于两座，且不应穿过其他房间，通向屋顶的门应向屋顶方向开启。单元式住宅每个单元的疏散楼梯均应通至屋顶。

⑤超过 6 层的组合式单元住宅和宿舍，各单元的楼梯间均应通至平屋顶；如户门采用乙级防火门，可不通至屋顶。

⑥剧院、电影院、礼堂的观众安全出口的数目均不应少于两个，且每个安全出口的平均疏散人数不宜超过 250 人。容纳人数超过 2 000 人时，其超过的部分，每个安全出口的平均疏散人数不应超过 400 人。

2. 安全疏散设施的设置

火灾应急照明和疏散指示标志的设置如下：

（1）疏散用的应急照明，其地面最低照度不应低于 0.5 1x。

（2）消防控制室、消防水泵房、防烟排烟机房、配电室和自备发电机房、电话总机房以及发生火灾时仍需坚持工作的其他房间的应急照明，仍应保证正常照明的照度。

（3）疏散应急照明灯宜设在墙面上或顶棚上。安全出口标志宜设在出口的顶部；疏散走道的指示标志宜设在疏散走道及其转角处距地面 1 m 以下的墙面上，走道疏散标志灯的间距不应大于 20 m。

（4）应急照明灯和疏散指示标志，应设玻璃或其他不燃烧材料制作的保护罩。

（5）应急照明和疏散指示标志，可采用畜电池作备用电源，且连续供电时间不应少于 20 分钟；对高度超过 100m 的高层建筑，连续供电时间不应少于 30 分钟。

3. 自动喷水灭火系统

（1）自动喷水灭火系统中喷头的种类

自动喷水灭火系统的喷头担负着探测火灾、启动系统和喷水灭火的任务，是系统的关键组件之一。根据其结构和用途的不同，可分为闭式喷头和开式喷头。闭式喷头，按热敏感元件的不同分为玻璃洒水喷头和易熔元件洒水喷头；按溅水盘的形式和安装方式又分为直立型洒水喷头、下垂型洒水喷头、边墙型洒水喷头和普通型洒水喷头；开式喷头按用途分为开式洒水喷头、水幕喷头和喷雾喷头三种。

（2）喷头溅水盘顶板的距离

直立型、下垂型标准喷头其溅水盘与顶板的距离，不应小于 75mm，且不应大于 150mm（吊顶型喷头及吊顶下安装的喷头除外）。

（3）火灾自动报警探测器的布置要求

①宽度小于 3m 的内走道顶棚上设置探测器时，宜居中布置。感温探测器的安装距离不应超过 10m，感烟探测器的安装距离不应超过 15m；探测器至端墙的距离，不应大于探测器安装距离的一半。

②探测器至墙壁、梁边的水平距离，不应小于 0.5m。

③探测器周围 0.5m 内，不应有遮挡物。

④房间被书架，设备或隔断等分隔，其顶部至顶棚或梁的距离小于房间净高的 5% 时，每个被隔开的部分至少应安装一只探测器。

⑤探测器至空调风口边的水平距离不应小于 1.5m，并宜接进回风口安装。探测器至顶棚孔口的水平距离小于 0.5m。

⑥当屋顶有热屏障时，感烟探测器下表面至顶棚或屋顶的距离应符合规定。

⑦锯齿形屋顶和坡度大于 15° 的人字形屋顶，应在每个屋脊处设置一排探测器。

⑧探测器宜水平安装；当倾斜安装时，倾斜角不应大于 45° 。

⑨电梯井、升降机井设置探测器时，其位置宜在井道上方的机房屋顶上。

（4）手动火灾报警按钮的设置要求

①每个防火分区应至少设置一个手动火灾报警按钮。从一个防火分区内的任何位置到最近的一个手动火灾报警按钮的距离不应大于 30m。手动火灾报警按钮设置在公共活动场所的出入口处。

②手动火灾报警按钮应设置在明显的和便于操作的部位。当安装在墙上时，其底边距地高度宜为 1.3~1.5m，且应有明显的标志。

（5）自动喷水灭火系统的喷头布置

①喷头布置间距要考虑到房间的任何部位都能受到喷水保护，还应有一定的喷水强度。自动喷水灭火系统的中危险级，要求喷头布置的间距为 3.6m 或 3.4m（表 4–2–6）。

表 4–2–6

同一根配水支管上喷头的间距及相邻水支管的间距				
喷水强度（L/min.m^2）	正方形布置的边长（m）	矩形或平行四边形布置的长边边长（m）	一支喷头的最大保护面积（m^2）	喷头与端墙的最大距离（m）
4	4.4	4.5	20	2.2
6	3.6	4	12.5	1.8
8	3.4	3.6	11.5	1.7
12 ~ 20	3	3.6	9	1.5

②顶板或吊顶为斜面时，喷头应垂直于斜面，并应按斜面距离确定间距。

③坡屋顶的屋脊处应设一排喷头。喷头溅水盘至屋脊的垂直距离为：屋顶坡度 >1 ： 3 时，不应大于 0.8m ；屋顶坡度 <1 ： 3 时，不应大于 0.6m。

④喷头应布置在顶板或吊顶下易于接触到火灾热气流并有利于均匀布水的位置。当喷头附近有障碍物时，应符合规范的规定或增设补偿喷水强度的喷头。净空 >800mm 的闷顶和技术夹层内有可燃物时，应设置喷头。

⑤当局部场所设置自动喷水灭火系统时，与相邻不设自动喷水灭火系统场所连通的走道或连通开口的外侧，应设喷头。

⑥当梁、装饰物、通风管、排管、桥架等障碍物的宽度大于 1.2m 时，其下方增设喷头。

⑦感烟探测器保护面积为 80m^2，保护半径为 6.7m。走廊感烟探测器应居中布置，安装间距小于等于 15m，至端墙的距离为 7.5m。

4.3 公共空间的无障碍设计

无障碍设计方面做得很好才能体现出人性化的理念，给残疾人提供出行、购物的方便。这不仅表现在道路建设、公园休闲、商店购物、餐饮家具和如厕设施等方面，也体现在各类公共空间的室内外设计均考虑到了残疾人的需求（如图4–3–1）。

图 4—3—1

4.3.1 出入口、坡道

（1）出入口的室内外地面宜相平。如室内外地面有高差，应采用坡道连接。

（2）出入口的内外，应留有不小于 1.5m × 1.5m 的平坦的轮椅回转面积。

（3）出入口设有两道门时，门扇开启后应留有不小于 1.20m 的轮椅通行净距。

（4）供残疾人使用的门厅、过厅及走道等地面有高差时应设坡道，坡道的宽度不应小于 0.90m。坡道的坡度不可太陡，一般以 4°~ 4.5° 为宜。坡道转弯时应设置休息平台，休息平台的深度不应小 1.5m。每段坡道的长度不可过长，国际上将长度限定在 9m 以内。

4.3.2 门、楼梯和台阶

（1）供残疾人通行的门不得采用旋转门和不宜采用弹簧门。

（2）门扇开启的净宽度不得小于 0.8m，门扇及五金等配件应便于残疾人开关。

（3）公共走道的门洞，其深度超过 0.6m 时，门洞的净宽不宜小于 1.10m。

（4）楼梯不宜采用弧形楼梯，梯段净宽度不宜小于 1.2m，不宜采用无踢面和突缘为直角形的踏步。

（5）坡道两侧应在 0.9m 高度处设扶手，两段坡道之间的扶手应保持连贯。坡道起点及终点的扶手，应水平延伸 0.3m 以上。

4.3.3 厕所及浴室

（1）公共厕所应设残疾人厕位，厕所内应留有 1.5m × 1.5m 的轮椅回转面积。该厕位应安装坐式大便器，与其他之间宜采用活动帘子或隔间加以分隔。隔间的门向外开时，隔间内的轮椅面积不应小于 1.20m × 0.8m。

（2）男厕所应设残疾人小便器。在大便器、小便器临近的墙壁上，应安装能承受身体重量的安全抓杆。

（3）残疾人男女兼用独立式厕所应设洗手盆及安全抓杆。

（4）残疾人男女兼用独立式厕所门向外开时，厕所内的轮椅面积不应小于 1.20m × 0.8m。该厕所门向内开时，厕所内应留有不小于 1.5m × 1.5m 的轮椅回转面积。

4.3.4 轮椅席、停车位

（1）轮椅席位深 1.10m，宽为 0.80m。会堂、报告厅、影剧院及体育场馆等建筑的轮椅席，应设在便于疏散的出入口附近。影剧院可按每 400 个观众席设一个轮椅席。会堂、报告厅、体育场的轮椅席，可根据需要设置。轮椅席位置的地面应平坦无倾斜坡度，如周围地面有高差时，宜设高 0.85m 的栏杆或样板。

（2）残疾人停车的车位，应有明显的指示标志。残疾人停放机动车车位，应布置在停车场（楼）进出方便地段，并靠近人行通路。残疾人停放车位的一侧，与相邻车位之间，应留有轮椅通道，其宽度不应小于 1.5m。如设两个残疾人停车车位，则可共用一个轮椅通道。

4.4 公共空间设计规范

图 4—4—1

4.3.1 办公室设计规范

（1）强制性的尺寸要求。

（2）办公室的门洞口宽度不应小于 1.00m，高度不应小于 2.10m。

（3）办公建筑的走道宽度应满足防火疏散要求，最小净宽应符合表 4–4–1 的规定。

表 4–4–1

办公空间走道最小净宽		
走道宽度 /m	走道净宽 /m	
	单面布房	双面布房
≤ 40	1.3	1.5
＞ 40	1.5	1.8

（4）办公空间中如果有高差，高差不足两级踏步时，不应设置台阶，应设坡道，其坡度不宜大于 1∶8。

（5）根据办公建筑分类，办公室的净高应满足：一类办公建筑不应低于2.70m；二类办公建筑不应低于2.60m；三类办公建筑不应低于2.50m。

（6）办公建筑的走道净高不应低于2.20m，储藏间净高不应低于2.00m。

（7）楼梯、电梯厅宜与门厅邻近，并应满足防火疏散的要求。

4.3.2 工作空间设计规范

（1）工作空间应避免西晒和眩光。

（2）工作空间应利用室内空间或隔墙设置橱柜。

（3）普通办公室每人使用面积不应小于4m²，单间办公室净面积不宜小于10m²。

（4）设计绘图室宜采用大房间或大空间，或用灵活隔断、家具等把大空间进行分隔；研究工作室（不含实验室）宜采用单间式，自然科学研究工作室宜靠近相关的实验室。

（5）设计绘图室，每人使用面积不应小于6m²；研究工作室，每人使用面积不应小于5 m²。

（6）会议室根据需要可分设中、小会议室和大会议室。小会议室使用面积宜为30m²，中会议室使用面积宜为60m²；中小会议室每人使用面积：有会议桌的不应小于1.80m²，无会议桌的不应小于0.80m²。大会议室应根据使用人数和桌椅设置情况确定使用面积，平面长宽比不宜大于2∶1，宜有扩声、放映、多媒体、投影、灯光控制等设施，并应有隔声、吸声和外窗遮光措施；大会议室所在层数、面积和安全出口的设置等应符合国家现行有关防火规范的要求。

4.3.3 附属空间设计规范

（1）设多台打字机的打字间宜考虑隔声措施。

（2）开水间内应设置倒水池和地漏，并宜设洗涤茶具和倒茶渣的设施。

（3）档案室、资料室和书库应采取防火、防潮、防尘、防蛀、防紫外线等措施；地面应用不起尘、易清洁的面层，并有机械通风措施。

（4）档案和资料查阅间、图书阅览室应光线充足、通风良好，避免阳光直射及眩光。

4.3.4 卫生间设计规范

（1）厕所距离最远的工作点不应大于50m。

（2）厕所应设前室，前室内宜设置洗手盆。

（3）厕所应有天然采光和不向邻室对流的直接自然通风，条件不许可时，应设机械排风装置。

（4）卫生洁具数量应符合下列规定：

①男厕所每 40 人设大便器一具，每 30 人设小便器一具（小便槽按每 0.60m 长度相当一具小便器计算）。

②女厕所每 20 人设大便器一具。

③洗手盆每 40 人设一具。

④每间厕所，大便器三具以上者，其中一具宜设为坐式大便器。

⑤设有大会议室的楼层应相应增加厕位。

⑥专用卫生间可只设坐式大便器、洗手盆和面镜。

4.3.5 商业空间设计规范

1. 商场出入口

（1）应尽可能地设置避风室。避风室净高≥ 3 000mm，深度为 4~5m。

（2）避风室必须设置冷暖风幕机。

（3）避风室地面须设置刮泥板。

（4）门页尺寸：3000mm × 970mm × 50mm。

（5）门框需考虑可拆卸性，以利于大型道具的进出。

（6）预留客流探测器的位置及布线。

（7）门框 / 门片材料：不锈钢、金属烤漆、无框。

（8）玻璃材料：透明玻璃、贴膜玻璃、酸洗玻璃、烤漆玻璃、镭射玻璃、丝网印刷玻璃。

（9）避风室地面材料：天然大理石、人造钢石、水晶石、玻化石、抛光砖。

（10）避风室天花材料：石膏板乳胶漆、柔性天花、金属吊顶、木制天花。

（11）灯具：低压卤素射灯、节能灯管筒灯、豆胆灯、T4/T5 灯管灯带、LED 灯带。

2. 商场地面

通道尺寸：

（1）楼主通道：4.80m/3.60m/2.70m ；次通道：2.40m/2.10m/1.80m。

（2）楼以上：主通道：3.60m/2.70m/2.40m ；次通道：2.40m/2.10m/1.80m。

地面材料须考虑日常清洁和保养的便利性，并考虑日后柜位线调整的可能性。

（3）各通道，须充分考虑防滑处理。

（4）地面材料：

①根据商场各楼层商品门类的特性确定合适的地面材料。

②天然大理石、人造钢石、水晶石、玻化石、马赛克。

③通道与专柜之间，可以采用相同材料但不同颜色滚边处理，或者采用不同材料的滚边处理，滚边一般为200mm。

4.3.3 天花

（1）化妆品区域和黄金珠宝区域在天花不得设置吊筋、吊杆。

（2）检修口框须包边处理。

（3）首层层高不低于5.5m，二层以上层高不低于5m。

（4）材料：乳胶漆、玻璃、柔性天花、金属、木制。

4.3.4 中空区域

（1）中空在商场中起到垂直空间的视觉沟通、交流以及空气的对流等作用，所以应尽量做到通透。

（2）有玻璃外墙的中空，须考虑遮阳方案。

（3）中空顶部须考虑灯光方案。

（4）中空顶部须考虑悬挂物的预埋装置，如钢丝及金属架，并充分考虑材料的硬度。

（5）另要设置维修设施。

（6）预留中空区域广告位、广告旗杆的位置。

（7）栏杆高度及牢固度须充分考虑安全性。

（8）护栏立面材料：钢化玻璃、夹胶玻璃、铁艺。

（9）栏杆材料：不锈钢、金属烤漆、实木。

4.3.5 卫生间

（1）须设置残障卫生间。

（2）便池及小便斗须考虑大型号。

（3）便池前适当考虑挡板。

（4）儿童区须考虑儿童便器及洗手台。

（5）洗手台考虑热水供应。

（6）广播音乐音量适当。

4.3.6 后场

（1）员工更衣室、员工通道、考勤系统设置、客流系统设置、各维修修改中心设置、食堂、仓库、商场内各处灯箱广告位均需设置线路预埋。

（2）办公区文化墙应设置于顾客视线不见处。

（3）办公区、培训室及活动室等人员聚集地，须充分考虑通风效果及设备隔音效果。

（4）电脑与电梯机房须考虑空调安装与排水问题。

（5）地下室进出口须充分考虑雨水排放，如设置洗车服务须考虑用水与排水。

（6）移动等通讯线路的安装，须与整体内部线路归整。

（7）易忽视区域的装修设计：顾客视线所见的安全通道、卫生间通道、电梯通道等，均须装修设计。

（8）排污管道设置，最好能使商场各方向都能排污。

（9）涉及用水的所有区域，必须严格做好防水处理，特别是对租赁户，对其防水处理不能仅提要求，须在防水处理施工完毕经商场验收合格，方可进行下一步装修。

（10）茶水间需考虑残渣收集装置、清洁用具的设置位置。

（11）充分考虑垃圾房的位置合理性。

（12）卸货平台：高度 0.8m，面宽：15m，进深：20m。

【本章小结】

本章概括地介绍了公共空间设计的通则（包括建筑空间各具体部位的常规尺度、建筑内部装饰设计防火规范、装饰材料的分类与分级等方面的内容），也对设计规范的强制性要求作了介绍。

【任务分析】

通过本章的学习，对公共空间设计通则和规范有所了解，为后续的项目设计做好理论知识的储备。

【复习思考题】

1. 公共空间中的厕所、浴室的布置有哪些基本要求？

2. 公共空间中无障碍设施的布置需考虑哪些方面？装饰材料的分级与分类是怎样的？

3. 安全疏散的概念是什么？包括哪些具体设计内容？

第 5 章　公共空间设计类型

【学习目标】

本章介绍公共空间设计的基本类型以及各种空间设计的特点，并通过各种优秀案例分析帮助大家全面地掌握公共空间设计的方式方法，实际案例的介绍使大家建立整体设计理念，了解设计的具体环节和过程。通过本章的学习，使读者了解公共空间设计的常见类型，把握课程学习的方向，结合前面学到的知识完成具体的项目设计。

5.1　商业空间设计

商业空间是公众进行购物消费的空间，起着商品流通和信息传递的作用。目前的商业活动已不等同于一种纯粹的购买活动，而是一种集购物、休闲、娱乐及社交为一体的综合性活动。因此，商业空间提供给大家的不仅要容纳充足的商品还是一个适宜的购物环境。而了解和认识消费者的购买心理全过程特征是商业环境设计的基础。商场除了商品本身的诱导外，销售环境的视觉诱导也非常重要。从商业广告、橱窗展示、商品陈列到空间的整体构思、风格塑造等都要着眼于激发顾客购买的欲望，让顾客在一个环境优雅的商场里情绪舒畅、轻松和兴奋，并激起顾客的认同心理和消费冲动（如图 5–1–1）。

图 5—1—1　Centauro 极速概念商店

5.1.1 商业空间设计类型及特点

1. 商业空间设计类型

商业空间按建筑的规模，可分为商业区、商业街、商业中心、大型自选商场和大中型综合零售商场以及专业商店。按内容、经营特点和组织方式，可分为百货商店、超级市场、购物中心、专业商店。

百货商店（大中型综合商店）是经营种类繁多商品的商业场所，使顾客各得所需。

超级市场是一种开架售货，直接挑选，高效率售货的综合商品销售环境。

购物中心（商业中心）中为满足消费者多元化的需要，设有大型的百货店、专卖店、画廊、银行、饭店、娱乐场所、停车场、绿化广场等。

专业商店又称专卖店，经营单一的品牌，注重品种的多规格、多尺码（如图 5-1-2~ 图 5-1-5）。

图 5-1-2　北京来福士购物中心

图 5-1-3　某超级市场

图 5-1-4　某专卖店

图 5-1-5　某专卖店

2. 商业空间设计特点

随着生活水平、经济能力的提升与休闲时间的增加，逛街、购物已逐渐被视为生活中不可缺少的内容。它可以是一种人文活动，也可以是商业活动，更可以被视为是一种艺术与教育活动。如今的消费者对消费环境也有了更高的要求，去购物不仅仅是为了买东西，同时希望体验一下轻松而优雅的消费环境，或去或留，在很大程度上取决于购物消费的环境质量。商业空间不仅是购物场所，也是各种社会活动集中和发生的场所。所以，商业空间是人类活动空间中最复杂与多元的空间类别之一。

商业空间是提供给人们购物消费的场所，相对于办公、餐饮、居住、交通等人类活动的其他功能的空间而言，商业空间则为人提供一个社会交往、休闲消费的活动场所，因而其环境较为活跃，讲求最佳的展示效果并具有较强的视觉冲击力，其目的就是吸引购物者，延长购物者的停留时间。

商业竞争力有很大的比重来自于对环境的经营，这里所说的环境不仅包括商业环境，更包含创意环境，二者共同构成空间竞争力、商业竞争力。因此，正是商业空间设计的新颖性、独特性和可识别性构成了整个商业环境五彩缤纷的景象。

总而言之，商业空间室内设计既要表达出经营者和商品的情感诉求，又要做到购物环境与消费者之间的互动与交融，这是现代商业空间室内设计的核心追求，并且还应包含更多的功能要求和市场特色。在商业空间的功能布局、材料使用、灯光处理、家具配置等各个方面都要满足商业空间的特殊要求，以提高购物环境舒适度，增加消费者逗留的机会，从而创造出一个轻松、舒适的购物环境，以满足顾客购物时的生理和心理的需要。作为设计者，应了解商业空间的经营特性和设计的基本方法，掌握不同消费群体的消费取向，对不同的商家和经营范围进行针对性的策划，从而创造出更具个性的商业空间形象。

5.1.2 商业空间设计原则及内容

可以说，能否营造吸引顾客购物欲望的商场整体营销氛围，是商业空间功能设计的基本原则。此外，还应遵循以下一些具体的设计原则：

1. 商业空间设计原则

（1）商品的展示和陈列应根据种类分布的合理性、规律性、方便性、营销策略进行总体布局设计，以有利于商品的促销行为，创造出为顾客所接受的舒适、愉悦的购物环境（如图 5-1-6）。

图 5-1-6 彩虹玩具商店

（2）根据商场（或商店，购物中心）的经营性质、理念，商品的属性、档次和地域特征，以及顾客群的特点来确定室内环境设计的风格和价值取向（如图5-1-7、图5-1-8）。

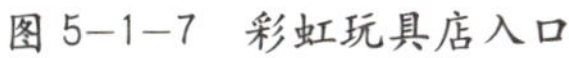
图 5-1-7　彩虹玩具店入口

图 5-1-8　彩虹玩具店内景

（3）有诱人的入口、空间动线和吸引人的橱窗、招牌以形成整体统一的视觉传递系统，并运用个性鲜明的照明和形材、色彩等形式，准确诠释商品，营造良好的商场环境氛围，激发顾客的购物欲望（如图 5-1-9）。

图 5-1-9　某专卖店橱窗

（4）购物空间不能让人有拘束感，不要有干预性，要制造出购物者有充分自由挑选商品的空间气氛。在空间处理上要做到宽敞通畅，让人看得到，坐得到，摸得到（如图 5-1-10、图 5-1-11）。

图 5—1—10　蒲蒲兰绘本馆

图 5—1—11　蒲蒲兰绘本馆

（5）设施、设备完善，符合人体工程学原理，防火区明确，安全通道及出入口通畅，消防标识规范，有为残疾人设置的无障碍设施和环境（如图 5-1-12、图 5-1-13）。

图 5-1-12　Hhstyle 家具店

图 5-1-13　Hhstyle 家具店

（6）创新意识突出，能展现整体设计中的个性化特点（如图 5-1-14）。

图 5-1-14　某服装店

2. 商业空间设计内容

（1）商业空间总体规划

商业设计的内容繁杂，需照顾到构成整体环境的方方面面，首先我们要对其总体布局进行规划，同时还要考虑整体和其他构成要素之间的关系。构成商业环境的主要实体要素包括门面、橱窗、营业厅等。

①总体布局设计是商业空间设计的第一步，室内设计师在对商业空间进行设计之前要考虑以下两个问题：

首先，总平面布置应按照商场的使用功能进行组织，例如交通流线、货运路线、员工流线的关系，要避免相互干扰，且要考虑防火疏散安全措施和方便残疾人通行。

其次，在主要的出入口附近要设立相应的集散地和停车场。

②橱窗与商场门脸承担吸引顾客的任务，此外还有指导购物、艺术形象展示的功能。商店给人的第一视觉就是门面，门面的装饰直接显示商店的名称、行业、经营特色、档次，是招揽顾客的重要手段，同时也是市容的一部分。

③营业厅的设计是整个商业购物空间的主体，也是室内设计的重点区域。营业厅需考虑如下问题：

a. 营业厅外侧应统一橱窗、灯光和立面造型，增强诱导性，并考虑保温、隔热、防雨和防尘的需求。

b. 营业厅应避免顾客主要流向线与货物运输流向线交叉，所以需要功能分区明确。

c. 应在大中型商场的各层分段设置顾客休息区，并设置其他休闲场所，例如咖啡厅、快餐厅等。

d. 小型商场一般不会设计顾客卫生间，大型商场应在隔层或每层设置顾客用卫生间，且设置在容易找到的地方。

e. 一般采用空调系统进行温度的调节和通风，也有采用自然通风的场所，需与机械通风相结合。

f. 现代大中型商场越来越多地以人工照明为主、自然照明为辅。在这种情况下，我们要做好商品陈列的直接照明、烘托气氛的装饰照明和安全疏散的通道诱导照明。

营业厅的流向线设计是营业厅设计中的重要一步，在对商业空间进行布置时，除应避免顾客主要的流向线与货物的运输流向线交叉混杂外，还要注意以下几点：

a. 顾客、工作人员、货物组成的三条流线的交叉点（如门口、电梯口等），应设立过厅，加宽通道，并错开使用的时间，以尽量避免混乱。

b. 按顾客浏览、选择商品的顺序来进行流线的组织，避免出现死角，以便于安全、迅速疏散。

c. 水平流向线要区分好主、次、支流的相互关系。

d. 垂直流向线应能迅速疏散顾客，其交通路线在营业厅的分布要适当，主要扶梯、电梯应靠近主出入口。

e. 大件物品的运输路线应尽量缩短，避免堵塞交通。

（2）营业厅各层的商业分布与设置

①首层的设计较为重要，一般入口的正面和中心区域商品要有一定精度和档次，以便第一眼就给人以舒服、高雅的感觉；入口正前方和中心商品摆放的区域，主通道要宽敞，最好摆放封闭式货架销售为主的商品，以便管理。

②商场二层、三层以摆放方便购买、诱导购买为主的商品，以及季节性、流行性强的商品。

③金银首饰、天然宝石价格昂贵，且成交数量不大，所以一般安排在相对安全、安静且便于管理的空间位置。手表和一些精品饰品放在与金银首饰相邻的地方。

④文体用品和家电等是有目的性的购买商品，所以一般安排在高层，也不会影响到其营业。

（3）营业空间的组织划分

①利用货架设备或隔断水平方向划分营业空间。其特点是空间隔而不断，保持明显的空间连续感；同时，空间分隔灵活自由，方便重新组织空间。这种利用垂直交错构件有机地组织不同标高的空间，可使各空间之间有一定分隔，又保持连续性。

②用顶棚和地面的变化来分隔空间。顶棚、地面在人的视觉范围内会占相当大的比重，因此，顶棚、地面的变化（高低、形式、材料、色彩、图案的差异）能起空间分隔作用，使部分空间从整体空间中独立出来，突出重点商品的陈列和表现，并较大程度地影响室内空间效果。

（4）营业空间延伸与扩大

根据人的视差规律，通过空间各界面（顶棚、地面、墙面）的巧妙处理，以及玻璃、镜面、斜线的适当运用，可使空间产生延伸、扩大感。

比如通过营业厅的顶棚及地面的延续，使内外空间连成一片，起到由内到外延伸和扩大的作用；玻璃能使空间隔而不绝，使内外空间互相延伸、借鉴，达到扩大空间感的作用。

随着人们物质生活的提高，商业空间要求建筑与环境结合成一个整体，有些商场已将室外庭院组织到室内来。

（5）营业厅的柜架摆放与陈列方式

货柜的摆放与陈列方式要尽量做到扩大营业面积，预留宽敞的人流线路。货柜的陈列主要有如下几种方式：

①封闭式

适用于化妆品、珠宝首饰、贵重及小件的物品。

②半开敞式

它的开口处面临通道，左右与其他类似的局部开敞式单元相连，形成连续的由局部单元组成的陈列格局。这种格局在大中型商场中占有相当大的比例。

③开放式

在商场大厅中划分单元组合陈列，单元之间用环绕的通道划分，设计时要考虑到单元之间的独特性和单元内部陈列柜架的统一性。

④综合性

是开闭架结合的形式，在现代商场中常见。这是由出售商品的特性决定的，如服装可以开架展售，而相关的装饰品、领带夹、胸针等有封闭柜架，使得空间形态高低错落，层次丰富。

（6）柜架布置的具体形式

①顺墙式

指柜台、货架及设备顺墙排列。采用这种方式，售货柜台较长，有利于减少售货员，节省人力。一般采取贴墙布置和离墙布置，后者可以利用空隙设置散包商品（如图 5-1-15）。

图 5–1–15　艺术商店

②岛屿式——营业空间岛屿分布，中央设货架（正方形、长方形、圆形、三角形），柜台周边长、商品多，便于观赏、选购，顾客流动灵活，感觉美观（如图 5-1-16）。

图 5–1–16　北京朝阳大悦城

③斜角式

柜台、货架及设备与营业厅柱网成斜角布置，多采用 45° 斜向布置。这种方式能使室内视距拉长，营造出更好、深远的视觉效果，既有变化又有明显的规律性。

货柜本身的形式通常可分为地柜、背柜以及单体展示柜，地柜、背柜、单体展示柜设计时除考虑自身的形式外，还要注意相互间的关联性以及与整体环境是否相容等。

5.1.3 商业空间设计案例分析

这是一家位于意大利罗马的鞋店，单一线性元素贯穿整个店面设计，转折处的些许变化将天、地、墙的界面弱化，从而得到一个完整的展示空间；深浅不一与冷暖相异的米、灰调成为空间背景色，律动的白色线条使整个空间呈现出典雅、时尚的气息；入口处的蓝色调给整个空间带来一抹清新、雅致的韵味，令人过目难忘（如图 5–1–17~ 图 5–1–22）。

图 5—1—17

图 5—1—18

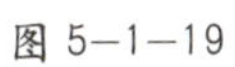

图 5-1-19

图 5-1-20

图 5-1-21

图 5-1-22

5.2 办公空间设计

办公活动伴随着人类社会的发展而发展，最早是在一个特定的空间场所内进行以物易物和部族管理等活动，可以说这是办公行为的雏形，虽然在办公方式上还不完善，在空间性质上还不确定，但办公的意义已定性，即为生存而存在的活动。

我们从任何一个城市的中心举目望去，鳞次栉比的办公楼占据了我们的视线，办公楼的规模、数目、优劣几乎成为衡量一个城市现代化程度的标准，而这些建筑内部的办公区域则更是形式繁多、系统复杂。这是因为现代办公已不再是一种传统单一的伏案工作方式，科技的迅猛发展和网络技术的广泛应用带来了办公环境的变革。

现代办公空间实际上是集整体功能性为一体并传递一种生活体验，让使用者在每天忙碌的现实世界中体会到由建筑环境带来的悠闲心境的场所。传统单一设计的办公空间已无法满足员工的心理需求，一个好的设计师，要为客户带来完美和谐的设计概念，既需坚持体现公司运营的需要，又能在统一完整的主题下富于变化，为员工提高工作效率创造便捷、舒适的环境（如图 5-2-1）。

图 5-2-1　荷兰 Tribal DDB 阿姆斯特丹分公司办公室

5.2.1 办公空间设计特点

1. 办公室分类

按空间性质分类：开敞性、封闭性、流动性、虚拟性。

按办公形式分类：公共区域、单间、套间。

开敞型办公空间：常作为室外空间与室内空间的过渡空间，有一定的流动性和趣味性。这是人的开放心理在室内环境中的表现。开敞型办公空间可分为两类：外开敞式办公空间和内开敞式办公空间。外开敞式办公空间的侧界面有一面或几面与外部空间渗透，顶部通过玻璃的装饰也可形成开敞式的效果；内开敞式的办公空间的内部一般形成内庭院，使内庭院的空间与四周的空间相互渗透（如图 5-2-2）。

图 5-2-2　荷兰 Tribal DDB 阿姆斯特丹分公司办公室

封闭型办公空间：由限定性比较高的实体包围起来的办公空间，在视觉、听觉上有很强的隔离性，具有很强的区域感、安全感和私密感。在这类办公空间中，常采用镜面、人造景窗和灯光造型等来打破空间的沉闷，增加办公空间的层次（如图 5-2-3）。

图 5-2-3

流动型办公空间：单个办公空间单元体相互间连贯，随着视点的转移而得到不断变化的透视效果。它是把空间的消极、静止的因素隐藏起来，尽量避免孤立、静止的单元组合，追求连续、运动的办公空间形式。流动型的办公空间在对空间的分隔上面保持动感。它的目的不是追求炫目的效果，而是寻求表现人们生活在其中的活动本身。它不仅时尚，而且是寻求创造一种既具有美感，又能表现使用者有机活动方式的空间。空间的连续与避免单元的独立静止是流动空间的特点（如图 5-2-4）。

图 5—2—4

虚拟型办公空间：一种既无明显界面，又有一定范围的办公环境。它没有十分完整的隔离形态，也没有较强的空间限定度，靠的是局部形体给人的启示，依靠由启示产生的联想来对空间进行划分。虚拟型办公空间可以借助柱子、隔断、家具、陈设、绿化、照明、色彩、材质等因素的运用而形成，当然也可依靠空间本身的高低或落差等因素来塑造，这些元素往往也会成为室内空间中的重点装饰，为空间增色（如图 5-2-5）。

图 5—2—5

2. 办公空间的设计原则

（1）再创造原则

办公空间的创造在传统的基础上有很大的突破，根据物质和精神的双重要求，打破了室内外及层次上的界限，着眼于空间的延伸、穿插、交错、变换等不同空间类型的创造。

（2）功能性原则

是否满足了功能的要求是评判一个室内空间设计好坏的基本准则。功能是设计中最基本的层次。我们进行办公空间设计就是为了改善人们的办公环境，满足人们工作和心理上的需要。所以，一个办公空间的设计与使用者的目的有直接关系。

空间的功能实现需要形式的表现，但形式不能生搬硬套，应该考虑到形式与功能的内在联系，考虑空间相互间的关联性，达到形式与功能的完美结合。

办公空间中功能的需求包括以下几方面：

①人本身的需要：集体需要、个人需要、喜欢的事物和颜色、特别的兴趣等。

②地点的需要：个人空间、私密性、交通流线等。

③行为需要：安全感、光照、音响品质、温度、通风性等。

④质量需要：舒适、安全、耐久性、维护和保养等。

功能对空间的规定表现在量和形两个方面，量和形的适应还需要具备与功能相配备的条件，例如采光、通风等。具体包括以下内容：

①与功能相关的内容：空间关系的布局、环境的比例尺寸、交通路线的安排、家具的陈设、绿化设计、通风设计、设备安排等。

②与形式相关的内容：形态结构、明度设计、色彩处理、比例尺寸、整体气氛等。

③与设备构造相关的内容：电气设备、通风设备、通信设备、消防设备、施工工艺、装饰材料等。

3. 现代办公空间创意设计的基本理念

（1）协作

现代办公空间体现了合作关系的重要性。提供或创造有利于人们连续合作的地点和空间，已成为办公空间设计的组成部分。

（2）流动

现代办公空间鼓励人们在任何地方以各种形式工作，使工作更具有创造力，更能提高工作效率。

（3）交流

促使职员去增长、交换、共享和转换知识，使空间具有相互交流的气氛。

（4）社区

现代办公空间的功能更具综合性，除了单独的工作区域外，还会设置咖啡厅、游廊等独立单元，组合创造出具有创造性及协作性的办公空间设计风格。

4. 现代办公空间设计的基本要素

人与机、人与人、人与环境这三组关系，是现代办公空间的设计基本要素。它不应仅仅是形式的或视觉的，更应当是空间与人的融合。

（1）人与机的关系

“人性化”的现代办公空间设计，要以为工作人员创造优质的工作环境为目的。因此，人性化的办公空间设计，要充分考虑并处理好办公设备、办公家具等元素与人的关系，重视功能的实用性。

（2）人与人的关系

办公空间既要保证个人的私密性，又要考虑同事间的接触机会，要保证良好的工作环境和合作气氛。

（3）人与环境的关系

人与环境的关系表现在两个方面，即人对环境的感知和人对环境的需求。

① 人对环境的感知。即人对环境的感受，这种感受是多方面的，例如环境的空间造型、空间尺度、色彩、光照等给人带来的不同感受。只有处理好这些关系，在空间内办公才会使人心情愉悦舒畅、效率高。

② 人对环境的需求。人是环境的主体和服务目标。我们对空间的设计应以人对环境的需求为出发点，满足人生理和心理上的需求。

5.2.2 办公空间设计案例分析

1.MARU MARU

MARU MARU 是位于中国北京 CBD 的 White Peak 公司总部，White Peak 是以中国为基地的一个北欧房地产投资公司。空间布置首先是通过开口实现的，资源可以随意进出。这里的开口还指窗户开口，阳光、空气和视觉可以随意互动。为了打破等级之间的空间差别，设计为所有员工都提供舒适的空间服务。室内空间被仔细研究，封闭空间、开阔空间和窗户开口之间的关系通过房间角落空洞的引进得以提升（如图 5-2-6~ 图 5-2-14）。

图 5—2—6

图 5-2-7

图 5-2-8

图 5-2-9

图 5-2-10

图 5-2-11

图 5-2-12

图 5-2-13

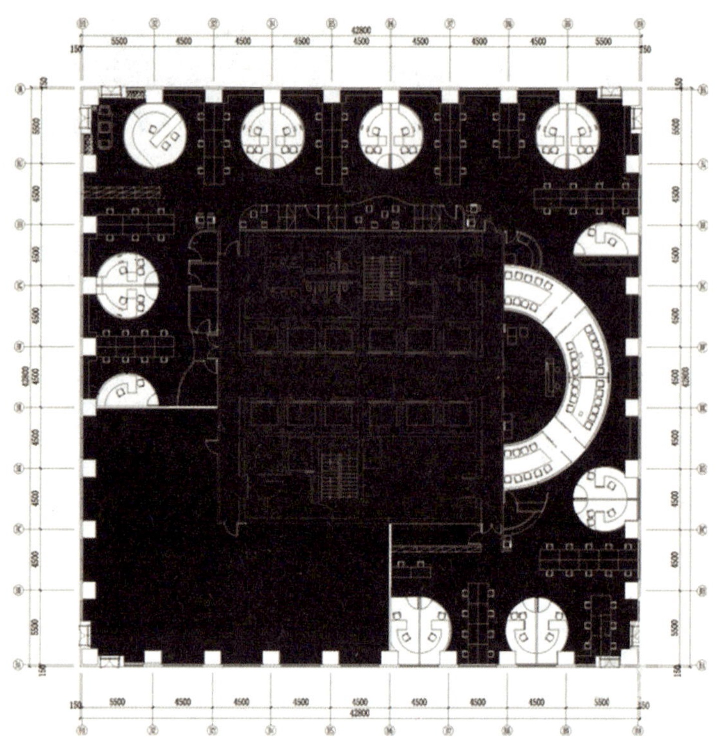

图 5–2–14

2. 莱勒建筑事务所

它将这个有着 50 年历史的建筑买下，改修为自己的新事务所办公间。这个曾经肮脏不堪、十分拥挤的仓库已被改修成一个充满阳光、空气和透明感的工作空间。室内红色的线条将梯形的空间环绕，室外还有着独特的景观设计（如图 5–2–15~ 图 5–2–23）。

图 5–2–15

图 5-2-16

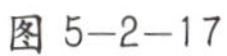

图 5-2-17

图 5-2-18

图 5—2—19

图 5—2—20

图 5—2—21

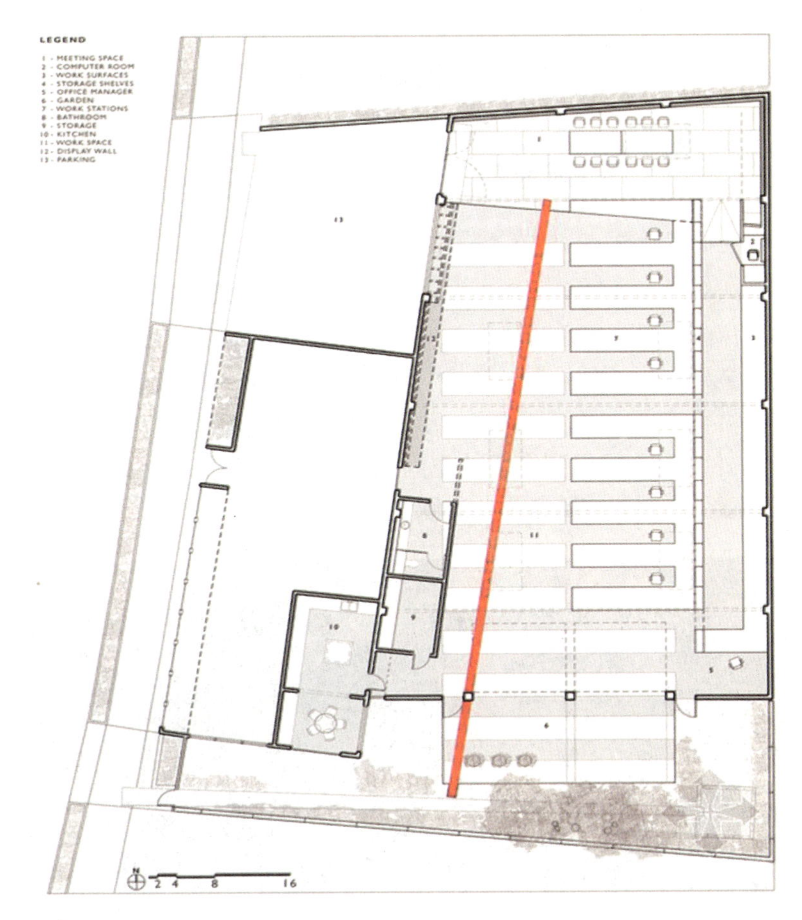
LEGEND
1 - MEETING SPACE
2 - COMPUTER ROOM
3 - WORK SURFACES
4 - STORAGE SHELVES
5 - OFFICE MANAGER
6 - GARDEN
7 - WORK STATIONS
8 - BATHROOM
9 - STORAGE
10 - KITCHEN
11 - WORK SPACE
12 - DISPLAY WALL
13 - PARKING
2 4 8 16

图 5—2—22

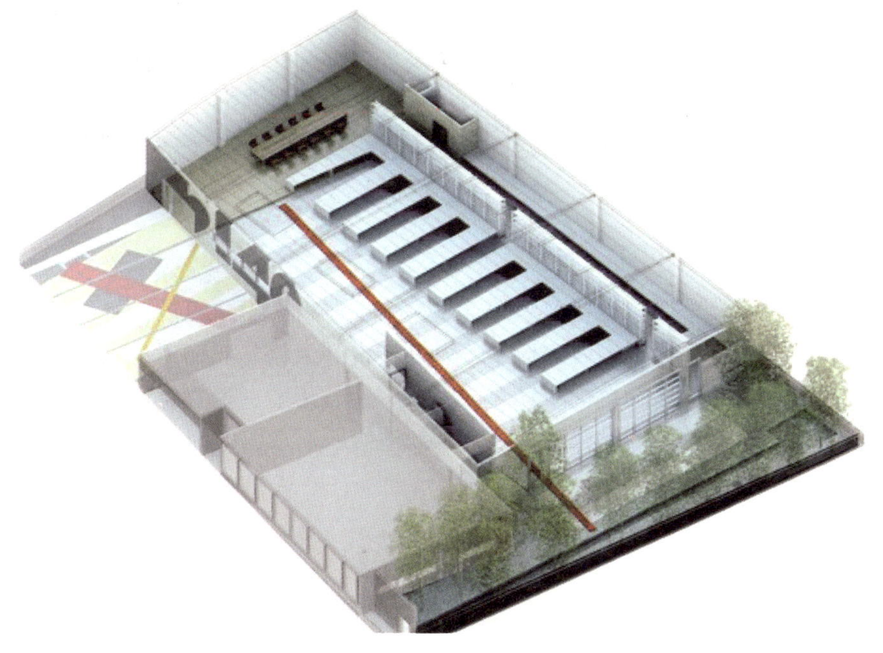

图 5—2—23

5.3　餐饮空间设计

5.3.1　餐饮空间设计特点

1. 餐饮空间设计要点

餐厅是社会需求的结果，人们对于餐厅的要求不仅在于品尝美食，更是一处放松身心、休闲娱乐、商务谈判、享受服务、感受温馨的环境。人们去餐厅的目的并非仅仅是果腹，而且是对于环境、气氛、情调等一系列期待实现的过程。因此，餐厅提供给客人的不仅是美食，更是美景，消费者除了享用美味佳肴、享受优质服务之外，还希望得到全新的空间感受和视觉效果，希望有一个能充分交流、与家庭感受不同的特殊氛围（如图 5-3-1）。

图 5—3—1

（1）定位消费人群

对于餐厅设计来说，消费群体的定位是第一要素，它是设计者进行设计的第一依据。通过调查分析设定客户对象，有利于设计风格、店面形象、餐厅造价的定位。深入分析客户层的特征，针对收入、职业、年龄、消费意识等因素来设定消费对象，从而以其生活形态的特征来设计他们所需求的空间环境。

（2）就餐需求的多样性

消费者对于餐厅的需求可归纳为用餐的场所、娱乐与休闲的场所、喜庆的场所、信息交流的场所、交际的场所、团聚的场所、餐饮文化享受的场所，以不同的消费需求为目的所产生的消费者对餐厅环境有着不同的需求。

（3）营造特色空间场所

餐馆设立之初就是为了解决“吃”的问题，但随着人们精神与物质需求的增长，人们已不满足单调的生活，喜欢在饮食上趋向多样化。有人追逐于风味独特的饮食，以享受某种美食为目的；有人为体验异国他乡的饮食文化，感受独特的民族风情；有的人追求某种情调和气氛，喝酒聊天享受；有人以放松减压为目的，轻松自在。风格各异的主题餐厅可谓提供了一条通往成功的途径，设计主题餐厅时，要善于观察和分析社会需求的多样性，以此为出发点来确定某一特定主体，无论是空间划分、色彩、灯光还是陈设都围绕这一主题进行，力求体现该主体的某种特定氛围。

（4）餐厅空间的设施及形式

现代餐饮空间的规划是指功能区域的分配与布局，是按经营的定位要求和经营管理的规律来划分的。另外，还要求与环保卫生、防疫、消防及安全等特殊要求来同步考虑。一般来说，我们将餐饮空间分为餐饮功能区和制作功能区两大区域。

餐饮功能区包括出入口功能区、接待区、候餐区、用餐区、配套功能区、服务功能区等；制作功能区包括消毒间、清洗间、备餐间、活鲜区、库房、员工卫生区、员工通道、进货出入口等。不同的餐饮等级有不同的功能与之配套。

2. 餐饮空间类型

（1）单人就餐空间形式

一个人的餐饮活动行为，无私密性，主要以小型餐台及吧台两种形式出现。小型餐台一般台板高 700~750 mm、座椅高 450~470 mm。吧台主要出现在酒吧或带有前部用餐台的餐饮空间，台面高 1 050 mm、吧凳高 750 mm。

（2）双人就餐空间形式

双人就餐是一种亲密型用餐形式，所占空间尺度较小，便于拉近用餐者距离，可形成良好的用餐氛围。一般餐饮空间及咖啡厅都采用此种形式。两人方桌边长不小于 700 mm，圆桌直径在 800 mm 左右，整体占地 1.85~2.00 ㎡。

（3）4 人就餐空间形式

这是一种最为普遍的座椅形式，它出现在各种形式的餐饮空间中，成为小范围和家庭聚会用餐的良好选择。一般四人方桌约 900 mm × 900 mm，4 人长桌约 1200 mm × 750 mm，高度在 700~750 mm，4 人圆桌直径在 1 050 mm 左右，整体占地面积 2.00~2.25 ㎡。

（4）多人就餐空间形式

桌椅数多于 6 个的座位形式，适用于多人的聚会，通常出现在较大型的餐饮空间。根据座位数的多少，桌子的尺寸有所不同，6 人桌一般为 1500mm × 700mm，8 人长桌一般为 2300mm × 800mm，6 人圆桌直径一般为 1200mm，8 人圆桌直径一般为 1500mm，整体占地面积较大。

（5）卡座

卡座与散座相比增加了私密性。卡座的一侧通常会依托于墙体、窗户、隔断等，座椅背板亦可起到遮挡视线的作用，从而形成较为私密的区域。根据不同的用餐人数座位长度不等，一般情况为 4~6 人用餐。餐厅设计中通常将卡座与散座组合设置，这样有利于增加餐厅环境的多样性。

（6）半围合隔断

半围合的空间形式具有较好的遮挡效果，形式灵活多变，私密性较强。这种形式介乎于散座与包间之间，相对于包间而言，半围合空间占地面积较小、与外界联系紧密。

图 5–3–2　蜂巢餐厅

封闭的空间可以提供一个较为雅静的就餐环境，促进客户间的情感交流；此外，由于是品尝性的慢节奏用餐，上菜时可增加菜品介绍的内容，充分体现饮食文化。

（7）独立包间

包间这种餐饮形式一般出现在中高档餐饮空间。容纳 4~6 人的小型包间配有餐具柜，面积不小于 4 ㎡；容纳 8~10 的中型包间配有可供 4~5 人休息的沙发组，面积不小于 15 ㎡；多于 12 人的用餐空间为大型包间，入口附近还要配备供该包间顾客使用的洗手间、备餐间。也有些大包间设 2 张餐桌，可同时容纳顾客 20~30 人。

跟其他复杂的系统一样，餐厅的运作需要各部分运行准确无误。在餐厅设计中，前厅和后厨两者缺一不可。餐厅中所有的空间不但要考虑到自身的用途，更重要的是它在整个餐厅中所发挥的作用。

3. 餐饮空间设计手法

餐饮空间的种类很多，不同类型、不同档次的餐饮空间的设计手法不一样，在主题风格、装饰手法、色彩应用上存在很大的差异。

（1）以地方特色为设计依据

以突出体现地方特征为宗旨，利用特有的风土人情或风光景象、建筑特色、民风民俗为设计要点，设计出具有地方特色的作品（如图 5–3–3）。

（2）彰显文化内涵

将传统文化与现代装饰手法结合起来，让文化个性、创意融入餐饮空间的设计中，打造一种新的饮食文化空间。这需要设计师运用传统的装饰语言和符号元素，收集设计素材，亲身感受历史、风俗和生活习惯来启迪自己的创意思维（如图 5–3–4）。

图 5—3—3　墨西哥 Tori Tori 餐厅

（3）突出科技手段在空间中的运用

装饰材料的发展日新月异，一些设计师在餐饮空间中利用“高技派”的装饰手法，使餐厅环境和用餐过程变得新奇刺激，可满足现代人追求新、奇、特的欲望。餐饮空间的设计题材和设计手法非常广泛，随着场地、时间的变化而有所变化，为了保证餐饮空间设计的生命力，要明确创意设计的关键是设计主题的定位、施工材料的选择和制作技术的配合。

图 5-3-4 Arthouse Café

4. 餐饮空间的色彩与陈设

餐饮空间的色彩应用是一门综合性的学科，它没有固定的模式。以下几点是餐饮空间色彩设计的要点，在设计中应予以注意：

（1）要确定餐饮空间的整体色调。根据“大调和，小对比”的原则，在整体保持统一的前提下，大的色块间强调协调，小的色调与大的色调间讲究对比。

（2）色相宜简不宜繁，纯度宜淡不宜浓，明度宜明不宜暗。

（3）阳光充裕的地方，可采用淡雅的冷色系；缺少阳光的空间，可采用明亮的暖色系。

（4）对逗留时间短的空间，可采用高明度的色彩；对逗留时间长的空间，可采用纯度相对低的淡色调。

（5）在酒吧、西餐厅等场所，可选用低明度的色彩和较暗的灯光来装饰，给人以温馨的情调和气氛。

（6）在快餐厅和食街，可选用高纯度和鲜艳的色彩，以获得轻松、自由的用餐气氛（如图 5-3-5）。

图 5-3-5　吉林艺术学院艺术咖啡厅

5. 餐饮空间的陈设设计

装饰陈设是各种装饰要素的有机组合，对整个餐厅风格起到画龙点睛的作用。家具样式与艺术品的风格要一致；织物的纹样、色彩要相互呼应，从而为组织空间、营造气氛起到有效的辅助作用。

（1）家具的陈设。家具的造型和色调要与整个空间相统一，与装饰风格相协调；布置要疏密得当，避免杂乱无章；合理分隔空间，提高空间的利用率。

（2）织物的选择。地毯、台布、窗帘、墙布、壁挂等是餐饮空间常用到的织物，对改善餐厅的室内气氛、格调、意境等都能起到很大的作用。我们要对织物所呈现的图案、颜色、质地等进行有目的的选择与运用来营造环境氛围。

（3）艺术品的摆放。艺术品的选择和摆放要根据空间的性质和风格来决定，传统风格的中式餐厅和现代风格的西式餐厅对艺术品的要求是截然不同的（如图 5-3-6）。

图 5-3-6　墨西哥 Tori Tori 餐厅

5.3.2 餐饮空间设计案例分析

位于乌克兰首都基辅的Twister餐厅，是乌克兰设计师Serghii Makhno和Vasiliy Butenko的另一力作。他们通过在空间中对自然现象的模拟与再创作，营造出一种不同的空间设计。整个餐厅由就餐区和休闲酒吧两个部分组成，每个部分都有各自的主题，就餐区为“龙卷风”和“雨水”，休闲酒吧区为“鸟巢”。

设计师通过对空间的分层利用，将就餐区设计成两层的复合型空间。空间的层高高，一层为普通餐桌，二层的室内阳台为圆形卡座区，一、二层通过一个楼梯链接。圆形的卡座仅有5个，相互连通，其整体造型就像一个个高脚杯，由一层“生长”出来的细长的支架相支撑。颇具艺术感的二层，既合理地利用了空间的层高，又丰富了视觉的层次感，让整个空间有一个向上提升感，即暗合了龙卷风向上的造型。虽然设计师在颜色上使用相近的咖啡色与木色色调，让空间更趋一体，但是一层、二层由于造型结构不同，使其泾渭分明，如何让同一空间更好地融合呢，设计师将重点放在了象征“雨水”的灯上。设计师选用极具垂挂质感的水滴吊灯（一层和二层都设计有许多），并将其高低错落、稀疏随意地摆放，由此营造出大自然中雨水从天而降的感觉。同时在天花上还设计有环形灯带，进行光源补充。周围墙面上木栅格的设计，在设计师之前的设计就出现过，可见他们非常喜欢通过不加修饰的自然木质感来强化空间内部的自然理念，同时室内木栅格墙面与表面光滑的二层卡座形成了对比。

与层高高、视野开阔、空间感强的就餐区不同，设计师在仅有一层层高的空间内，切切实实地为食客们打造了一个适合休闲约会的“巢”——休闲酒吧。设计师在墙面和天花上使用稻草和芦苇的秸秆随意覆盖，就如同鸟类筑巢，营造窠穴般的温暖安全之感。座椅与茶几也为了配合有限的空间层高，选用较低矮的类型。造型奇特的拥有无数突起的沙发，让人联想到针叶植物和森林，更进一步强化了自然的主题。褐色系列的主色调，让整个环境非常放松，适合小聚聊天（如图5-3-7~图5-3-15）。

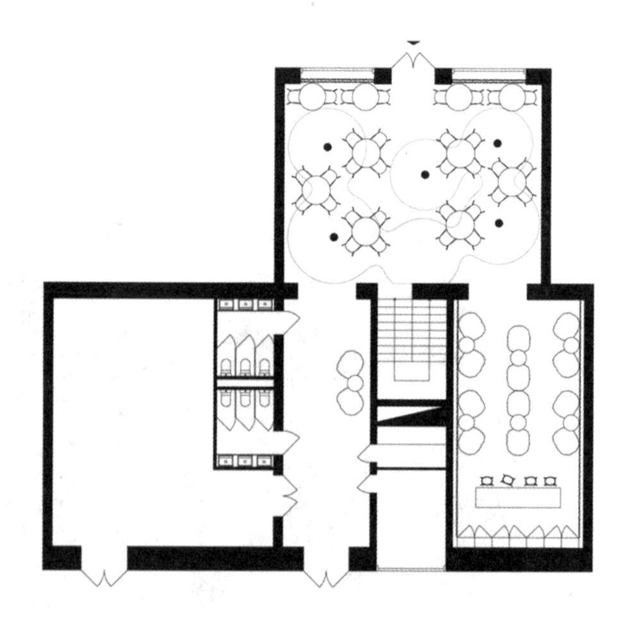

图5-3-7 一层平面图

图 5-3-8　二层平面图

图 5-3-9

图 5—3—10

图 5—3—11

图 5-3-12

图 5-3-13

图 5—3—14

图 5—3—15

5.4 娱乐空间设计

娱乐是与工作相对的概念，娱乐空间是人们工作之余活动的场所，是人们聚会、交友、欣赏表演、放松身心和进行情感交流的场所。娱乐活动古来有之，其空间形式亦随着时代的变迁而不断改变，从古时人们于旷野中围绕篝火席地围坐到古罗马的角斗场、大剧院、公共浴池的出现，再到现代的歌舞厅、夜总会、电影院、洗浴中心等场所的兴起，随着时代进步、文明发展、人们的生活质量提高，对娱乐空间类型多样化需求也越来越强烈。

5.4.1 娱乐空间设计类型及特点

1. 娱乐空间的类型

娱乐类空间是人们进行公共性娱乐活动的场所，随着社会经济迅速发展，国内近几年各类娱乐类空间像春笋般纷纷涌现，个性前卫、时尚潮流、丰富的服务使其成为人们工作之后精神放松与交际的首选。

娱乐空间的种类繁多，从功能上可以分为文化娱乐型、俱乐部、会所、健康中心、电影院等。

2. 文娱型娱乐空间

这是我们接触最多的娱乐空间类型。它主要包括电影院、歌舞厅、夜总会、卡拉 OK 厅等综合型娱乐空间，往往综合了舞厅、酒吧等多种功能，是目前娱乐空间的主流（如图 5-4-1）。

图 5—4—1

3. 俱乐部、会所、健康中心

俱乐部、会所是特定群体的聚会交流场所，如健身俱乐部、网球俱乐部等。它们的主要功能是聚会交流、餐饮和休闲保健，文娱表演相对较少。健康中心提供健身保健服务，主要内容有健身、足浴、按摩、桑拿等（如图 5-4-2、图 5-4-3）。

图 5-4-2

图 5-4-3

4. 娱乐空间的设计原则

娱乐类空间需要具备鲜明的个性，所提供的环境和服务激发客户的兴趣，现场气氛的营造往往是重点。在设计娱乐类空间时，设计者要分析和解决复杂的空间及功能问题，从而有条理地组织出层次丰富的空间。娱乐空间设计形式由功能决定，不同的娱乐方式决定了不同的设计的方向和氛围。

（1）营造浓烈的娱乐氛围

一个理想的娱乐类空间需要在空间中创造出特定的娱乐氛围，将建筑空间与情绪感受完美结合起来，最大限度地满足人们的各种娱乐欲望。可以利用照明系统的艺术效果来渲染气氛；可以利用相应的声学处理，将声学和建筑美学有机地结合起来渲染气氛；可以利用空间形态、色彩、材质及饰品烘托气氛（如图 5-4-4）。

图 5-4-4

（2）用独特的风格吸引消费者

独特的风格是娱乐类空间设计的灵魂，可以利用一些主题进行发挥，在布局、造型、用色上大胆、个性一些。风格独特娱乐空间能让顾客有新奇感，可吸引顾客并激发其参与欲望。这已成为娱乐空间的卖点（如图 5-4-5、图 5-4-6）。

图 5-4-5

图 5-4-6

（3）周全的考虑娱乐活动的安全

娱乐类空间的总体布局和流线分布应围绕娱乐活动的顺序展开。流线分布应利于安全疏导，通道、安全门等都应符合相应的防灾规范，织物与易燃材料应进行防火阻燃处理。灯光较暗的场所的通道不宜用踏步式，尽量使用无障碍设计，同时应配置地脚灯照明，紧急照明的电源应接事故发电机。

（4）注意空间形态对视觉效果和听觉效果的影响

以视听娱乐为主的娱乐类空间，在营造空间时应考虑空间形态对视觉效果和听觉效果的影响，应注意观众席的分布形式和表演台或幕布的关系。观众席的分布范围、与表演台及幕布的远近距离、座位的摆放曲率、前后观众的视线错位关系、俯视和仰视夹角大小等都应慎重考虑。适当做吸声处理、声扩散处理和声音反射处理，利用各界面的几何面声学效应创造良好的听觉效果。

（5）尽量减少对周边环境的干扰

有视听要求的娱乐类空间（如 KTV 中心、演艺吧等）应进行隔音处理，防止对周边环境造成噪声污染，符合国家相应的噪声允许水平规定。酒吧、演艺吧等有舞台灯光设施和霓虹灯的娱乐类空间，照明措施应符合相应的法规，防止产生光污染。

3. 娱乐空间的设计要点

娱乐空间设计的原理与其他空间设计是相通的，但具体的空间类型仍具有其自身的鲜明特征。

（1）灵活自由的设计手法

追求设计的创新性、独特性，避免轴线式的空间组织形式，界面造型避免对称式的构图（如图 5-4-7）。

（2）娱乐空间设计应与声、光、电等技术相结合

娱乐空间除了空间环境的装饰造型外，其灯光布置、音响设计是主要环节，如 KTV 中绚丽的灯光、震撼的音乐、酒吧中弥漫的背景音乐和变幻的灯光等（如图 5-4-8）。

图 5-4-7

图 5-4-8 “花样年华”夜总会

（3）注重材料的选用

少用贵重的材料，应用普通的材料配合灯光来共同营造效果，尽量使用给人以先进性和现代感的新型材料。

4. 娱乐空间区域划分

（1）迎宾区

迎宾区是吸引客人注意力，使客人第一时间感染到娱乐气氛的空间，承担整个空间的出入口作用，一般配有迎宾台或服务台提供问讯和服务，通常利用光怪陆离的光影、生动的背景音乐和动态的空间形式引导客人进入空间内部。

（2）休息等位区

休息等位区主要是供客人等候座位使用，配有沙发、茶几及音响设备，有的娱乐类空间（如酒吧）利用影像设备实时转播娱乐现场情况，让客人提前进入娱乐气氛中，使客人有强烈的参与欲望。其休息位的数量应根据整个娱乐空间的座位数量配比。

（3）娱乐区

娱乐区是整个娱乐类空间的中心部分，可以分为大厅式和包房式两种形式，一般设有屏幕、表演台、演奏台、观众席、服务吧台、酒水吧台、休息座椅等。互动性比较强的娱乐空间（如演艺厅、歌舞厅、卡拉 OK 大厅等）一般将观众席围绕表演台设置。欣赏性比较强的娱乐空间（如电影院、剧院、音乐厅等）一般将观众席面对表演台设置。以个人或小团体为单位进行娱乐的娱乐类空间（如网吧、KTV 包房、棋牌室等）往往以隔间和包房的形式设置。

（4）饮品及食品操作区

娱乐类空间都配有小型的饮品或食品操作区，为客人提供饮品或食品（如电影院的零食部、酒吧的酒水吧和水果房等)，一般由酒水吧、小型超市或零食部、小型厨房、配菜间、水果房等组成。娱乐类空间提供自助餐点的（如量贩式 KTV 中心），则需要配备厨房及操作间。饮品或食品操作区都需要良好的卫生条件，故应采用容易清洁的材质。对于酒吧等以饮品为主的娱乐空间来说，酒水吧台应是整个酒吧的中心和酒吧的总标志，应设置在显著的位置，这样对酒吧中任何一个角度坐着的客人来说都能得到快捷的服务，同时也便于服务人员的服务活动。一般的吧台带有操作台，通常包括三格洗涤槽（具有初洗、刷洗、消毒功能）或自动洗杯机、水池、拧水槽、酒瓶架、杯架以及饮料或啤酒配出器等设备。酒水吧台和水果房需要配备储备库房。

（5）设施设备区

大部分娱乐类空间都配有大量的娱乐设施设备，如 KTV 中需要音响设备、电影院中需要放映设备、舞厅及演艺吧中需要舞台灯光设施。这些设施设备大多设有专门的设备房以供工作人员操作调试，有的设备房需要留有窗口以便工作人员实时掌握现场设备运行情况，如酒吧中的 DJ 室、电影院的放映室等。配置设施设备区时应注意设备存放尺寸和操作尺寸，预留管线以便设备的增减。

5.4.2 娱乐空间案例分析

蒙特利尔温泉：该项目外形设计来源于对冷热变换的接触——更具体地说，自然发生的现象与这些条件结合——设计提取了冷静冰川形式和温暖火山岩的创意，构建了这个水疗中心。墙体、地板、天花板根据地形概念而有些许倾斜；建筑现有的窗户增加了乳白色的玻璃在接纳自然光进入的同时为来客营造了私密的空间（如图 5-4-9~ 图 5-4-17）。

图 5-4-9

图 5-4-10

图 5-4-11

图 5-4-12

图 5-4-13

图 5-4-14

图 5-4-15

图 5-4-16

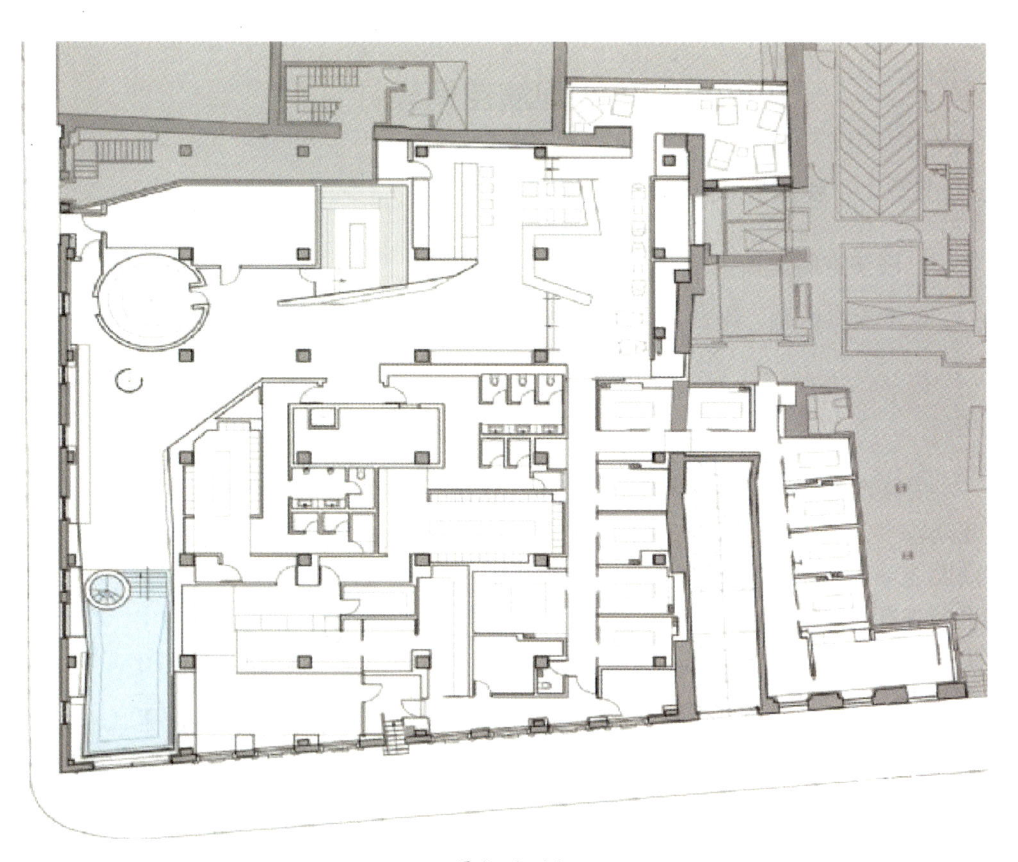

图 5—4—17

5.5 观演空间设计

5.5.1 观演空间设计类型与特点

1. 观演空间类别

根据演出类型、舞台类型、经营性质、规模的不同可有不同的分类方式。

按演出类型可分为：歌剧剧场、话剧剧场、戏曲剧场、音乐厅、多功能剧场。

按舞台类型可分为：歌剧剧场以演出歌剧、舞剧为主，舞台尺度较大，容纳观众较多，视距可以较远；话剧剧场以演出话剧为主，音质清晰度要求较高，观众要能够看清演员的面部表情，规模不宜过大；戏曲剧场，以演出地方戏曲为主，兼有歌剧和话剧的特点，舞台表演区较小；音乐厅以演奏音乐为主，音质要求较高；多功能剧场，用以演出各个剧种，亦可满足音乐、会议的使用。

按经营性质，剧场可分为：专业剧场，以演出一个剧种为主，属于某类专业剧院；综合经营剧场，供各演出团体租用。

从规模上来讲，观众容量在1600人以上的为特大型剧场，1201~1600人的为大型剧场，300~800人的则为小型剧场。

2. 观演空间主要功能空间设计要点

（1）观众厅部分

观众厅的音质设计是关键所在，当自然声不能满足声压级要求或清晰度要求时，一般均设置扩声系统。根据观演关系组织平面、剖面、确定舞台形式。同时根据声学要求确定观众厅或观演厅的体积、混响时间，充分利用直达声，有效组织早期反射声，防止产生声学缺陷。协调灯光、电声、建声、空调、消防系统之间的关系，塑造观众厅的形体。对于特殊形体设计，应加强视听功能的协调，有效组织空间早期反射声。

（2）中小型观众厅

宜于不设楼座以提高视高差，增强直达声。设楼座的厅堂，应控制楼座及楼下池坐空间的高度、深度比，从而使观众厅拥有一个完整的声学空间。

（3）前厅、休息厅

观演空间入口处设前厅，前厅以楼梯或电梯连接楼廊，两侧设休息厅，或在前厅上部设走马廊。通常做法是以入口层大厅作为前厅，前厅设小卖部、存衣室、厕所等服务设施，楼上作为休息厅，或前厅兼休息厅使用，可设在观众厅的正、侧向。或设前厅而不设休息厅，以室外休息廊或休息庭院代之，可按每座0.25 ㎡计算，这种方式适用于天气炎热的地区。

（4）舞台部分

观众席容量大，可有效组织空间声反射系统，视听条件良好，适用于现代剧，特别是音乐演出，但对舞台灯光要求较高。舞台幕的种类与做法多样，形态各异，有大幕、前沿幕、场幕、纱幕、二道幕（三、四道幕）、天幕、边幕、沿幕等。乐池为乐队伴奏和和唱队伴唱的场所。一般乐队每人所占面积不小于1 ㎡，合唱队每人占面积不小于0.25 ㎡。

3. 观演空间设计的内容

观演空间设计主要以前厅、观众厅、舞台、后台等功能空间为主。声环境与照明设计为观演空间设计的重点。详见观演空间基本功能关系分析图。

4. 观演空间个主要功能部位设计要求

剧场的基本组成分为观众厅部分、舞台部分和演出准备部分，每一部分中又包含有众多具体和繁杂的空间。

（1）前厅、休息厅

前厅、休息厅的设计应满足观众候场、休息、交流、展览、疏散等要求，并附有存衣间、小卖部、卫生间、吸烟室等设施。

传统的布置做法是：入口处设前厅，前厅以楼梯或电梯连接楼廊，两侧设休息厅，或在前厅上部设走马廊。通常做法是以入口层大厅作为前厅，前厅设小卖部、存衣间、厕所等服务设施，楼上作为休息厅；或前厅兼休息厅使用，可设在观众厅的正、侧向；或设前厅而不设休息厅，以室外休息廊或休息庭院代之，可按每座0.25 ㎡计，这种方式适用于天气炎热的地区。

（2）舞台部分

舞台的形式主要有以下几种：镜框式舞台、伸出式舞台和中心式舞台。

①镜框式舞台

镜框式舞台适用于大、中型歌舞剧、戏剧和多用途剧场。大型剧场应有完善的扩声系统，作音乐演出时设舞台声反射罩。可将乐池升到舞台面高度，成为大台唇式舞台。

②伸出式舞台

伸出式舞台被观众席三面环绕，观演关系密切，直达声能较强，常被多用途舞场所采用，演出厅一般有完善的扩声系统。

③中心式舞台

中心式舞台被观众四面环绕，观众席容量大，可有效组织空间声反射系统，视听条件良好，适宜于现代剧，特别是音乐演出，其对舞台灯光要求较高。

在这三种类型的舞台中，镜框式舞台为传统型而被采用广泛，它适用于各种剧种及音乐演出，配合各种类型的观众厅，已成为多用途剧场的一般观演形式。

④幕布

舞台幕布的种类与做法多样，形态各异，有大幕、前沿幕、场幕、纱幕、二道幕（三、四道幕）、天幕、边幕、沿幕等。其中，大幕又分为对开式、蝴蝶式、提升式、串叠式等，造型美观，既可在演出时起到启闭舞台的作用，又很好地装饰美化剧场。

⑤乐池

乐池为乐队伴奏和和唱队伴唱的场所。歌舞剧的乐队、合唱队在乐池中伴奏和伴唱；京剧常在舞台上演员下场口处伴奏；越剧、沪剧、黄梅戏等常在乐池中伴奏。一般乐队每人所占面积不小于 1 ㎡，合唱队每人占面积不小于 0.25 ㎡。

（3）观众厅部分

观众厅的平面形式多种多样，根据观众容量、视线平面要求及建筑环境进行组合。一般有矩形平面、钟形平面、扇形平面、多边形平面、曲线形平面、楼座平面等。各类观众厅的音质特征，如早期反射声及声方向感、直达声与混响声能比、混响时间及其频率特征、混响声场扩散、音乐演出的平衡等，部分性能和观众厅的基本形式有关，部分性能和观众厅的音质设计有关。

观众厅的音质设计是关键所在，当自然声不能满足声压级要求或清晰度要求时，一般均设置扩声系统。现代演出中，扩声系统已必不可少。扩声系统的声源位置、声源声功率、声源指向特征等与自然声源完全不同，其音质特征有较大差别。

扩声系统运用多种手段调节音质（如混响、延时、均衡、激励等）在很大程度上是改变自然声的厅堂音质条件。根据观演关系确定舞台形式，组织平面、剖面；根据表演特点、声源特性确定观众席的形式，同时根据声学要求确定观众厅或观演厅的体积、混响时间，充分利用直达声，有效组织早期反射声，防止产生声音缺陷。协调灯光、电声、键声、空调、消防等系统之间的关系，塑造观众厅的形体。对于特殊形体设计，应加强视听功能的协调，有效组织空间早期反射声。

中、小型剧场宜于不设楼座以提高视高差，增强直达声。设楼座的厅堂，应控制楼座及楼下池坐空间的高度、深度比，从而使观众厅拥有一个完整的声学空间。

①天棚

空间声反射体形式是在需要混响时间较长、观众厅体积较大的厅堂内，设置的空间反射体（亦称浮云式反射板），以弥补天棚早期反射声的延迟时间。音乐厅常采用此种形式，现代多用途的剧场观众厅也常采用。空间声反射体的形式多样、造型别致，可以为观众厅的空间设计带来丰富多彩的形式变化。

②座椅

剧场均需设置有靠背的固定座椅，小包厢作为不超过 12 个时可设活动座椅。座椅扶手中距离，硬质椅不小于 0.5m，软椅不小于 0.55m。

在采用短排法时，硬椅座席的排距不小于 0.8m，软椅不小于 0.9m，台阶式地面排距适当增大，椅背到后面一排最突出部分的水平距离不小于 0.3m，双侧有走道时不应超过 22 座，单侧有走道时不超过 11 座。

采用长排法时，硬椅坐席的排距不小于 1.0m，软椅不小于 1.1m。台阶是地面排距也要适当增大，椅背到后面一排最突出部分的水平距离不小于 0.5m。每排座位排列数目：双侧有走道时不超过 50 座，单侧有走道时不超过 25 座。

观众厅走道的布局与观众席片区容量相适应，与安全出口联系顺畅，宽度符合安全疏散计算要求。两条横走道之间的座位席不宜超过 0.8m，纵走到不小于 1.0m，横走道排距尺寸以外的通行净宽度不小于 1.0m。而长排法时边走道不小于 1.2m。观众厅纵走道坡度大于 1 : 10 时应做防滑处理，铺设地毯，并有可靠的固定方式。坡度大于 1 : 6 时，以做成高度不大于 0.2m 的台阶为宜。

（4）后台部分

①演出用房

化妆室应靠近舞台布置，主要化妆室应与舞台同层；当在其他层设计化妆室时，楼梯应靠近出场口，甲、乙等剧场有条件的可设电梯。化妆室的采光窗需设置遮光设备，其内部还要设置洗脸盆。甲、乙等剧场的化妆室设独立的空调系统或部分分体式空调装置。

甲等剧场应不少于 4 间化妆室，使用面积不小于 160 ㎡。乙等剧场不少于 3 间，使用面积不少于 110 ㎡。丙等剧场不少于 2 间，使用面积不少于 64 ㎡。

服装室的门，净宽不小于 1.2m，净高不小于 2.4m。小道具室宜于靠近演员上、下场口附近设置。对于甲、乙等剧场而言，应设置乐队休息室和调音室，休息室和调音室的位置要与乐队联系方便以宜，并且防止调音噪声对舞台演出造成干扰。盥洗室、浴室和厕所不应靠近主台来布置。后台还需要设灯光库房和维修间，面积视剧场规定而定。后台的过道地面的标高应和舞台一致，净宽不小于2.1m，净高不低于2.4m。

②辅助用房

排练厅的大小要根据不同剧种的要求来设定，当兼顾不同剧种使用要求时，厅内净高不小于6m。乐队排练厅的设计需要按照乐队的规模大小设定，面积可以按2.0~2.4㎡/人计。合唱排练厅的地面应做成台阶式，每个合唱队员所占用的面积可按1.4㎡/人计。每间琴房的面积不小于10㎡，还要设置空调，以保持室内温度恒定。要注意排练厅、琴房不应靠近主台，防止声音对舞台演出的干扰。

（5）观演空间装饰环境设计要求

①照明设计

室内环境包括的内容极为丰富，这里只涉及观演空间室内装饰环境的照明设计和声环境设计。

光环境设计以舞台灯光布置为代表。舞台灯光种类繁多，其布置方式也要遵循特定的规律。灯光类型有：面光、耳光、台口内侧光、第一道顶光、顶光、天桥侧光、天幕区灯光、流动光、脚光、外顶光等，此外还要加设灯光控制室、舞台监督控制室。

舞台照明没有一定的模式，因剧种和艺术风格而异。灯具配备的差别也很大，只要条件允许，应尽可能将灯种配足，供灯光师选用。灯具配备的最低限度以保证台面的平均照度不低于500Lx。

②声环境设计

声环境设计以观众厅的天棚设计为代表。观众厅的天棚形式是以观众厅音质设计、面光桥、观众厅照明、建筑艺术和室内设计的综合，是音质设计重要的组成部分。一般根据自然声声源早期反射要求与建筑艺术、室内设计的要求进行设计。大中型剧场以电声为主时，需要对电声设计易出现声学缺陷处（如观众厅后墙等）进行调整设计。

多用途厅堂，用自然声演出时，要重视天棚早期反射声面与舞台反射罩的设计，其已形成早期反射系统。特别是需要较长混响时间的音乐厅，天棚一般采用分层形式（即在观众厅天棚下加设声学反射面）。具体来说，观众厅的天棚形式有声反射式，反射、扩散式，空间声反射体形式等。

声发射式是根据几何学早期反射声原理设计的天棚。在以自然声为主的厅堂中，常采用此手法，无楼座的剧场更容易实现。反射、扩散式天棚即舞台台口前天棚作为早期反射声面，远离台口的观众厅天棚作声反射、扩散面设计，以改善观众厅色音质。有楼座的观众厅天棚的设计，常常采用这种形式。

5.5.2 观演空间设计案例分析——挪威国家歌剧院

在挪威首都奥斯陆市中心东端的滨海地带，远远的就能看到一座通体雪白的“冰山”跃然于海面之上，并随时节变迁产生震撼人心得不同的视觉效果。在北欧昼长夜短的盛夏，它不羁的身姿在灿烂阳光映照下闪烁耀眼光芒；而在寒冬竟日灰暗的苍穹下，它则展现出强烈的色彩与明暗对比，给人以温暖与鼓舞。

这座不融的“冰山”是2008年落成的挪威国家歌剧院。它占地近4万㎡，由挪威政府投资42亿克朗（约合8亿多美元）建造，是挪威700多年来规模最宏大的文化艺术类建筑物，被视作当代挪威民族精神的象征。该建筑顶端距地面52 m，地下设备层和停车场则深入海平面以下16 m，对于市内很少有10层以上高楼大厦的奥斯陆来说，这绝对是一处高耸巍峨、气势磅礴的新地标。

歌剧院外部主要建材为意大利出产的白色大理石，这使建筑物颇具雕塑感，其内部用高级橡木装饰主厅、剧场、舞台、隔墙，以此反映挪威木材造船业的悠久历史与传统。整个歌剧院内共有1100个房间，其主剧场设有1350个座席，每个座席背后装有一块小屏幕，播放歌剧表演的字幕或翻译文字；另有一个400座席的小剧场（如图5-5-1~图5-5-13）。

图 5—5—1

图 5-5-2

图 5-5-3

图 5-5-4

图 5—5—5

图 5—5—6

图 5—5—7

图 5-5-8

图 5-5-9

图 5-5-10

图 5—5—11

图 5—5—12

5.5.3 剧场（会场）的设计实例

以武汉某会议中心的改造设计（第一期）工程为例，其中包括一个 800m^2 的大报告厅和贵宾休息室、公用卫生间、配电房、开水房及走道等。

设计内容为：

（1）建筑声学部分：按满场混响时间达到 1.1s 设计。

（2）装饰设计：在扩初图的基础上完成施工图的设计工作。

（3）水设计：给水、排水及喷淋系统。

（4）电设计：消防报警系统及强电部分在满足照度情况下，解决了目前一号厅存在的眩光问题。

（5）空调设计：修改了一号厅的支风管，重新布置风口，另增加了新风系统（如图 5-5-13）。

图 5-5-13

5.5.4 其中会议中心第一期改造工程建筑声学设计书（表 5-5-1）

表 5-5-1 建筑声学设计

一、混响时间计算表

序号	部位	建筑作法	面积（M²）	125Hz	250Hz	500Hz	1KHz	2KHz	4KHz	平均混响时间
				A/∂	A/∂	A/∂	A/∂	A/∂	A/∂	
1	地板	格栅实木地板	775	116/0.15	78/0.10	78/0.10	54/0.07	47/0.06	54/0.07	
2	墙裙	五夹板后空10cm空腔	105	43/0.41	32/0.30	15/0.14	5/0.05	11/0.10	17/0.16	
3	前墙	七夹板后留5cm空腔，填棉	90	43/0.48	23/0.25	14/0.15	6/0.07	9/0.10	10/0.11	
4	侧、后墙	双层复合板吸声结构	579	255/0.44	434/0.75	359/0.62	428/0.74	509/0.88	417/0.72	
5	顶棚	轻钢龙骨双层纸面石膏板	775	116/0.15	76/0.10	39/0.05	31/0.04	54/0.07	70/0.09	
6	空场	∑∂S		573	643	505	524	630	568	
7	空场T_{60}			1.5秒	1.3秒	1.7秒	1.6秒	1.4秒	1.2秒	1.45秒
8	观众椅子吸声		450人	99/0.22	162/0.36	189/0.42	202/0.45	225/0.50	229/0.51	
9	满场	∑∂S		672	805	694	726	855	797	
10	满场T_{60}			1.2秒	1.0秒	1.2秒	1.1秒	0.9秒	0.9秒	1.05秒

二、建声设计说明

一、使用功能的定位：

以400余人参加的大型会议为主，以100人左右参加的圆桌形会议为辅。

二、建声设计的指导思想：

无论何种会议均要满足听者听得到，听得清的主观要求，不考虑文艺演出所要求的音乐丰满度。为确保语言有较高清晰度：一要控制混响时间，使改造后满场的混响时间500Hz控制在1.1秒水平上；125HZ、250HZ的混响频率特性与500Hz保持大致一致；2000HZ、4000HZ不致产生过大下降；二要控制室内环境本底噪声，设备噪声按不超出NR-30曲线为宜；三要通过体型设计与材料的布置使声场分布更趋均匀，不产生影响听闻的回声现象与电声反馈。

三、装饰方案中的计算参数：

1、有效容积：5960米³；

2、每人占有效容积：5960M³/450人=13.2M³/人；

（注：从会议上要求为3.5M³/人-4.5M³/人）

3、总表面积2294M；

4、混响时间计算式采用：$T_{60}=\frac{0.161v}{sl_n(1\partial)4mv}$

四、建筑声学处理的主要做法：（未说明的其余部分均作刚性反射面）

1、报告厅两侧墙、后墙作1.35m高胡桃木夹板墙裙（采用0.5cm厚五夹板后空10cm空腔，夹板钉在450×450龙骨上）；

2、两侧墙及后墙的台度以上、吊顶以下、装饰柱之间均采用双层复合板吸声结构，前三夹板须作泡沫海棉时，泡沫海棉宜采用透气性能好，厚度不宜超过20mm，前三夹板外露时应采用机械冲孔，不宜采用电钻钻孔，否则影响观瞻。（前三夹板 =5mm，D=13mm，L=50mm；后三夹板不穿孔，L=100mm，龙骨间距50×45cm）。

3、主席台后墙采用七夹板钉在50×45cm龙骨上，后留5cm空腔填离心玻璃棉。

1. 会议中心第一期改造工程平面图

其中，报告厅平面图中间的交叉虚线为电声设备声响所能覆盖的会场范围的中心线（如图 5–5–14）。

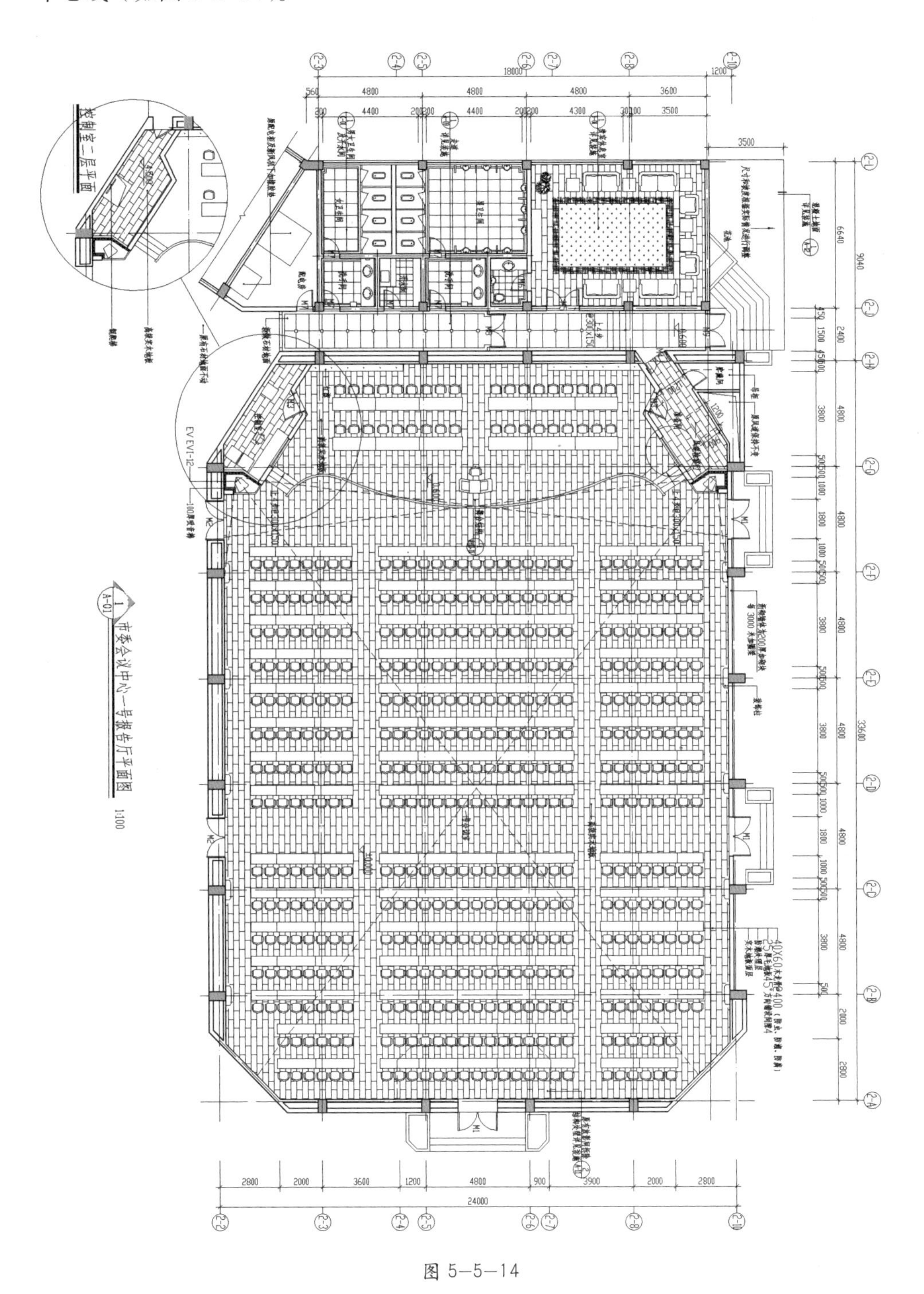

图 5—5—14

2. 会议中心第一期改造工程天花图

其中，报告厅的观众厅投射向主席台后部的虚线为投影设备所能投射到主席台后幕的平面范围（如图 5-5-15）。

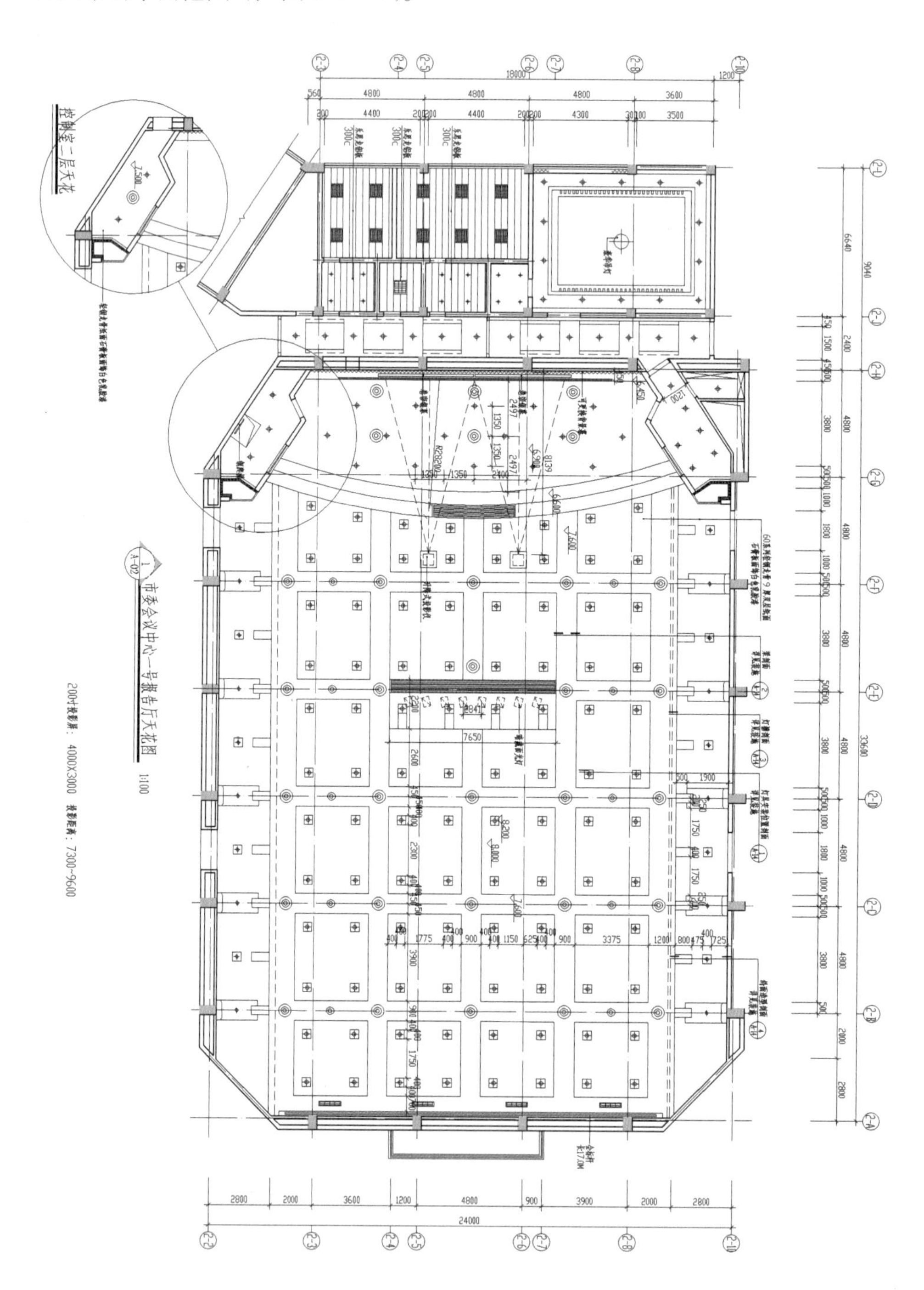

图 5-5-15

3. 报告厅立面图一

其中，报告厅的观众厅天花投射向主席台后部的虚线为投影设备所能投射到主席台后幕的立面范围（如图 5-5-16）。

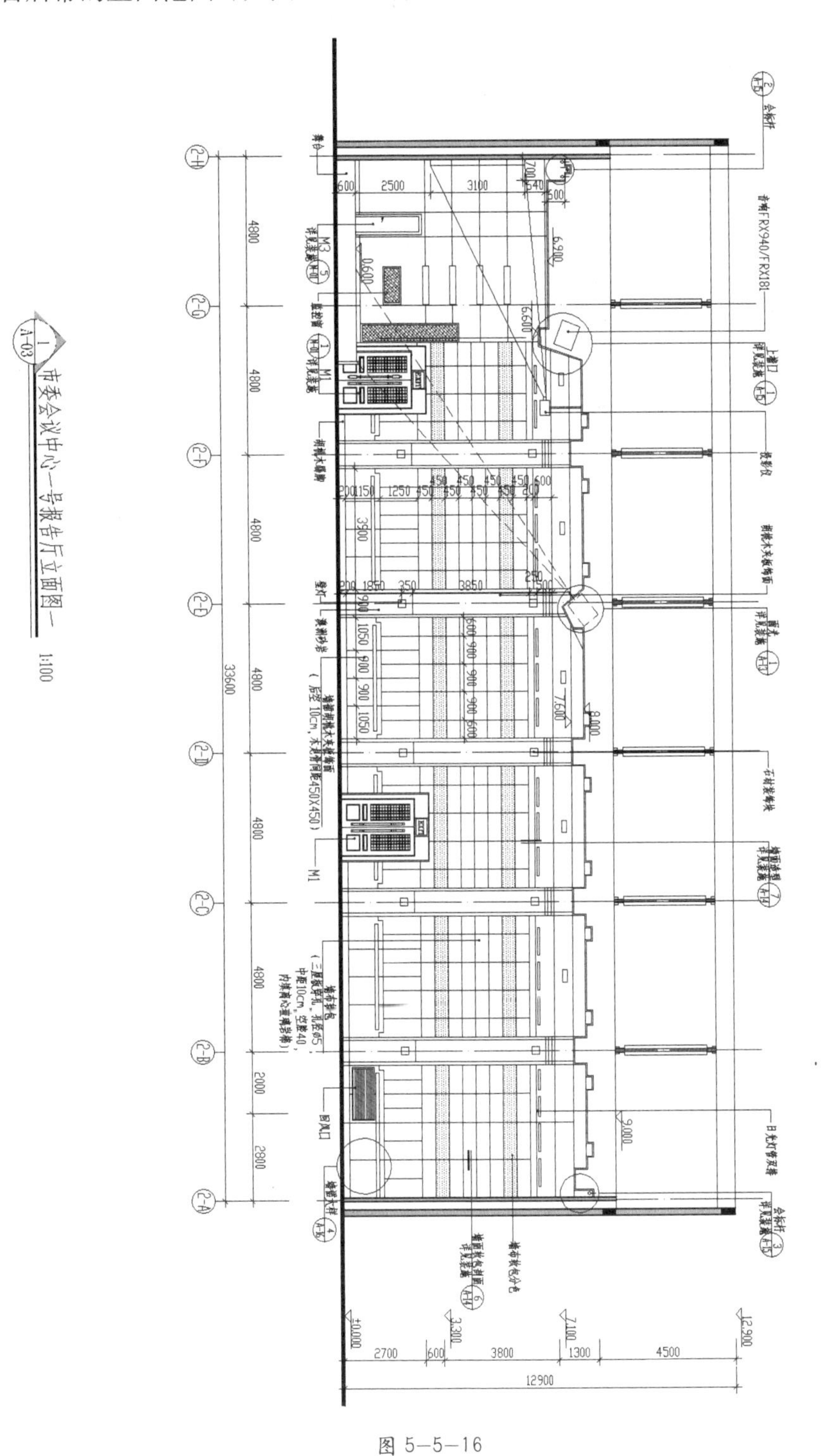

图 5—5—16

4. 报告厅立面图二

其中，报告厅的观众厅靠近主席台天花部位的朝向主席台地面的虚线为面光投射到主席台上的位置范围。面光灯投射到台面上大幕中心点处的光轴与台面的夹角以 45° ~50° 为宜（如图 5-5-17）。

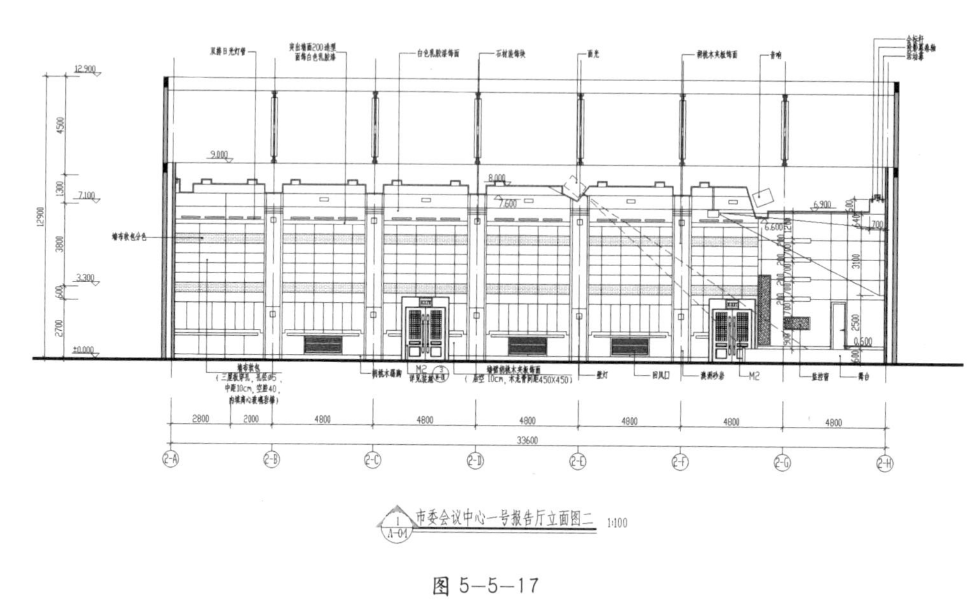

图 5-5-17

5. 报告厅正立面图

其中，主席台后的虚线框位置为两个拼接的投影幕范围（如图 5-5-18）。

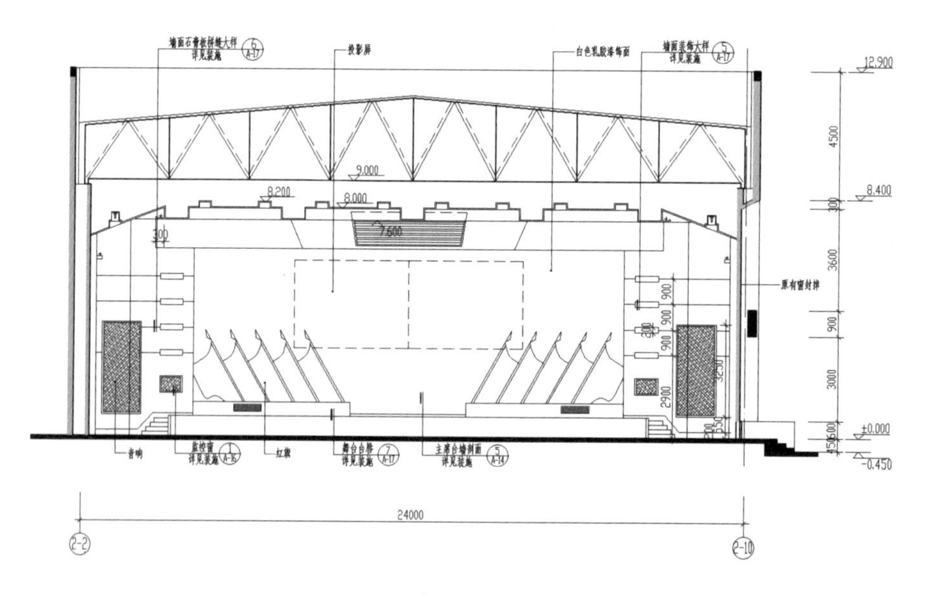

图 5-5-18

6. 报告厅背立面图（如图 5-5-19）

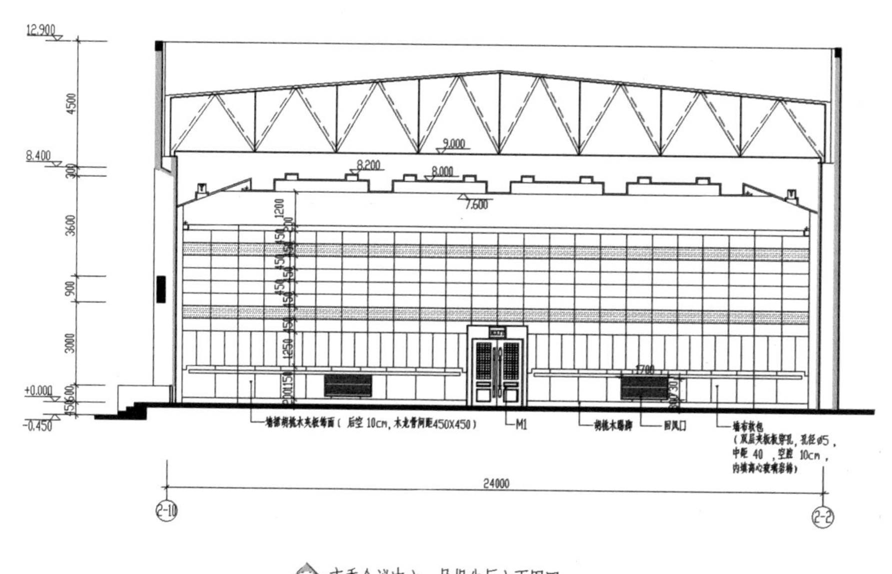

图 5—5—19

7. 吊顶内检修通道平面图

其中，检修通道设在屋架下弦（如图 5-5-20）。

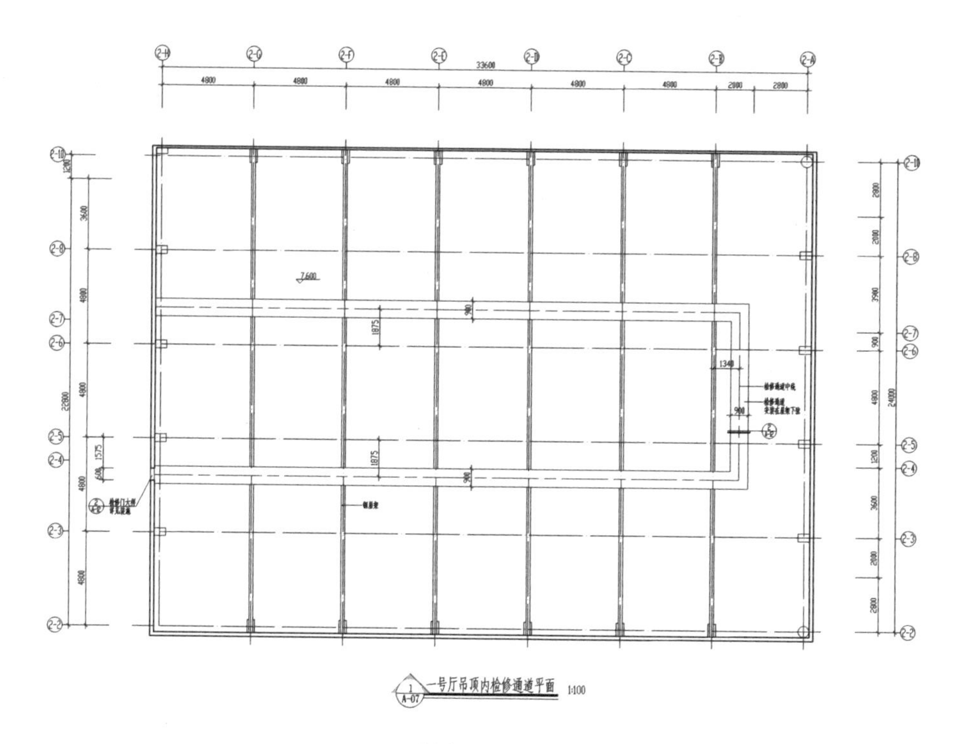

图 5—5—20

8. 新增增墙体及地下风道平面图（如图 5-5-21）

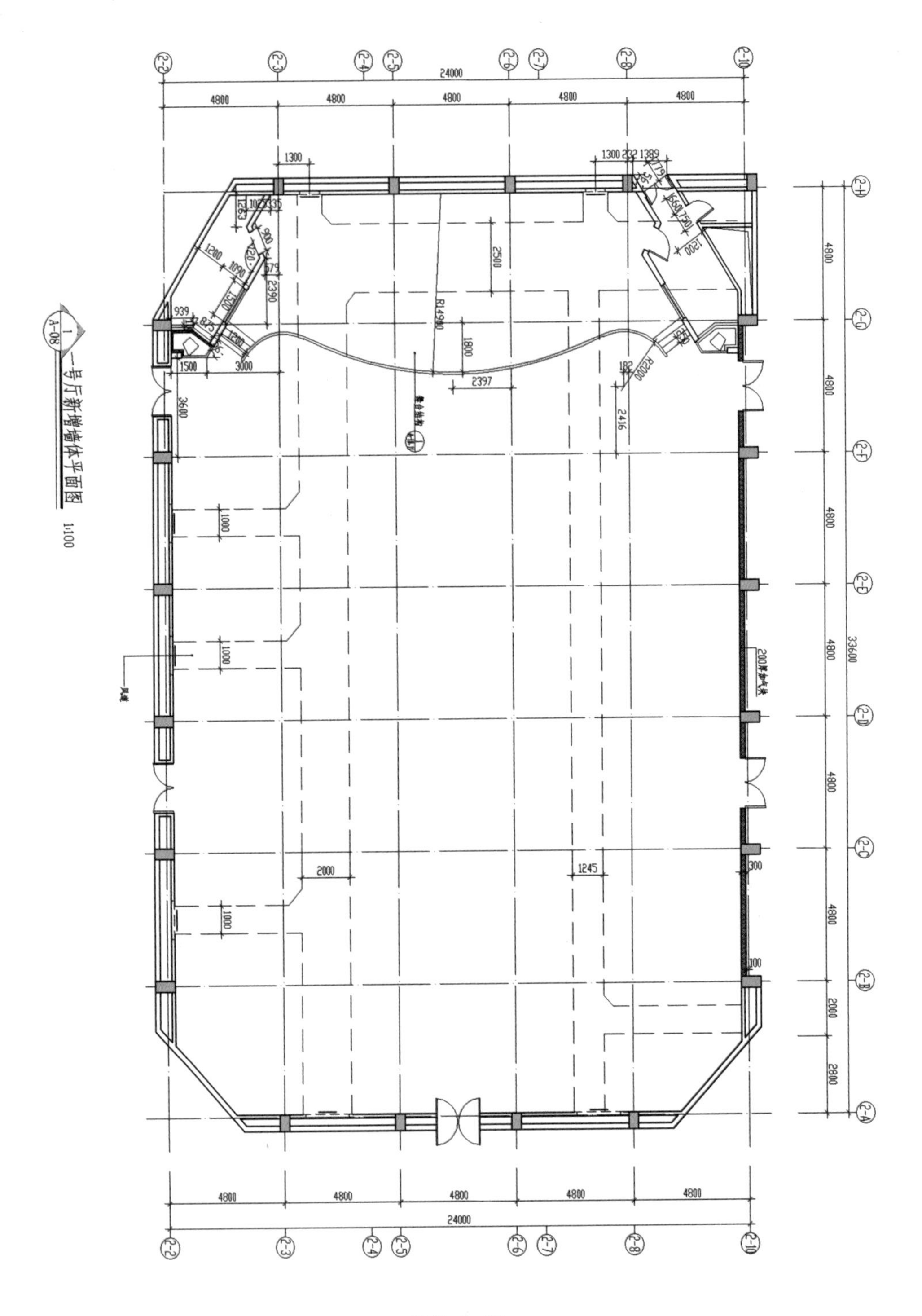

图 5-5-21

9. 走道平面、天花、立面图（如图 5-5-22）

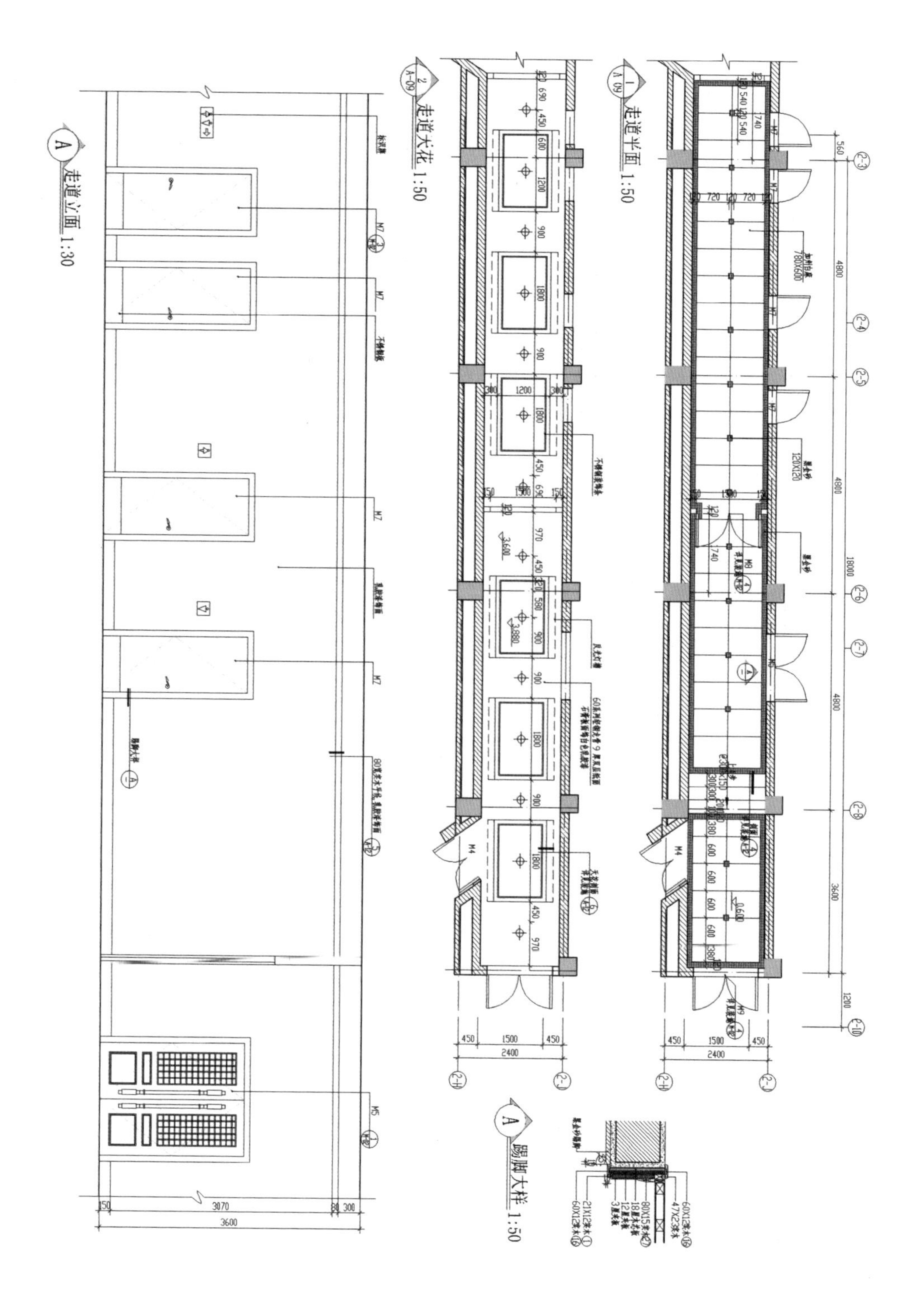

图 5-5-22

10. 舞台基础平面图（如图 5-5-23）

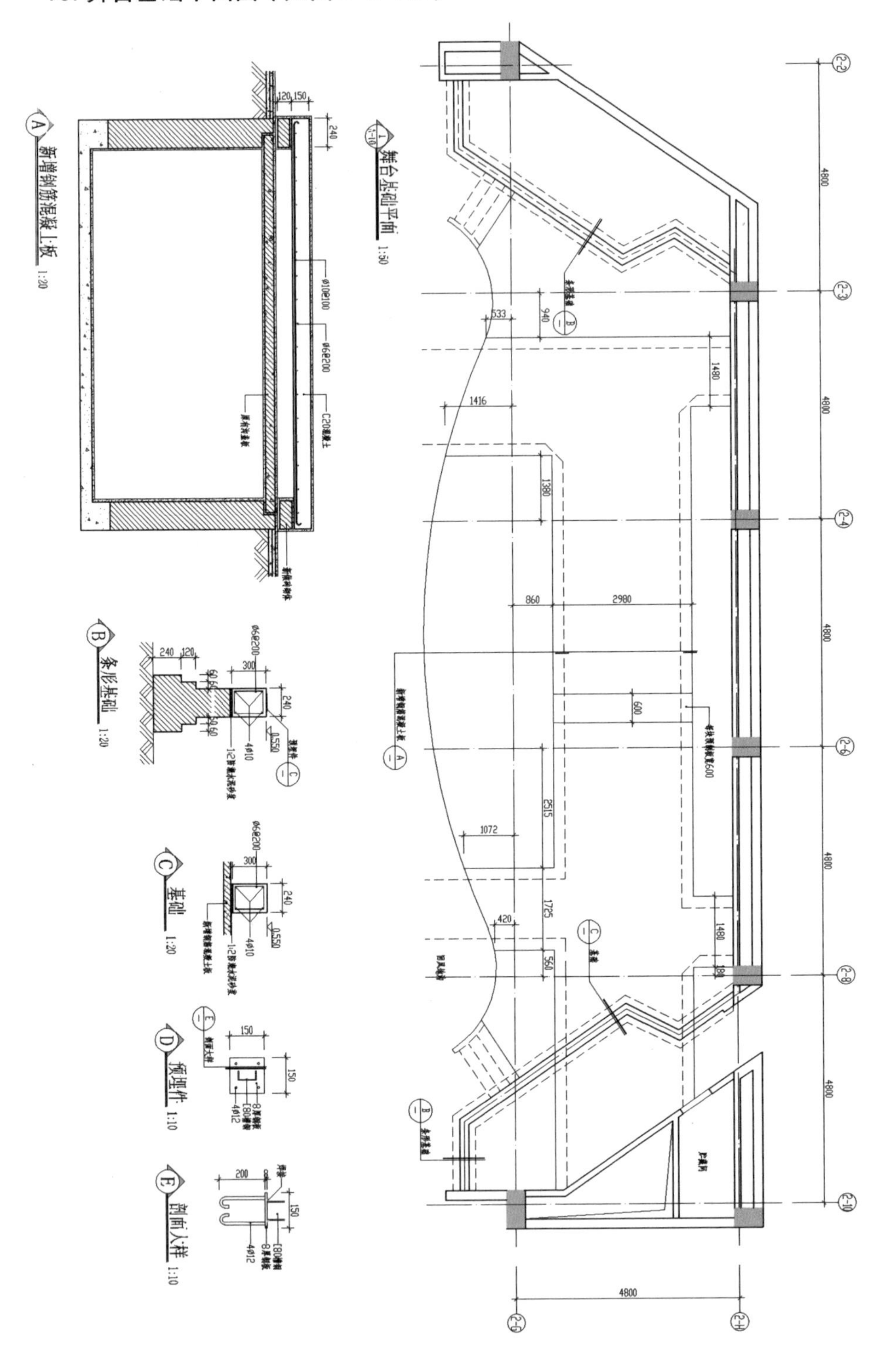

图 5-5-23

11. 舞台大样图（如图 5-5-24）

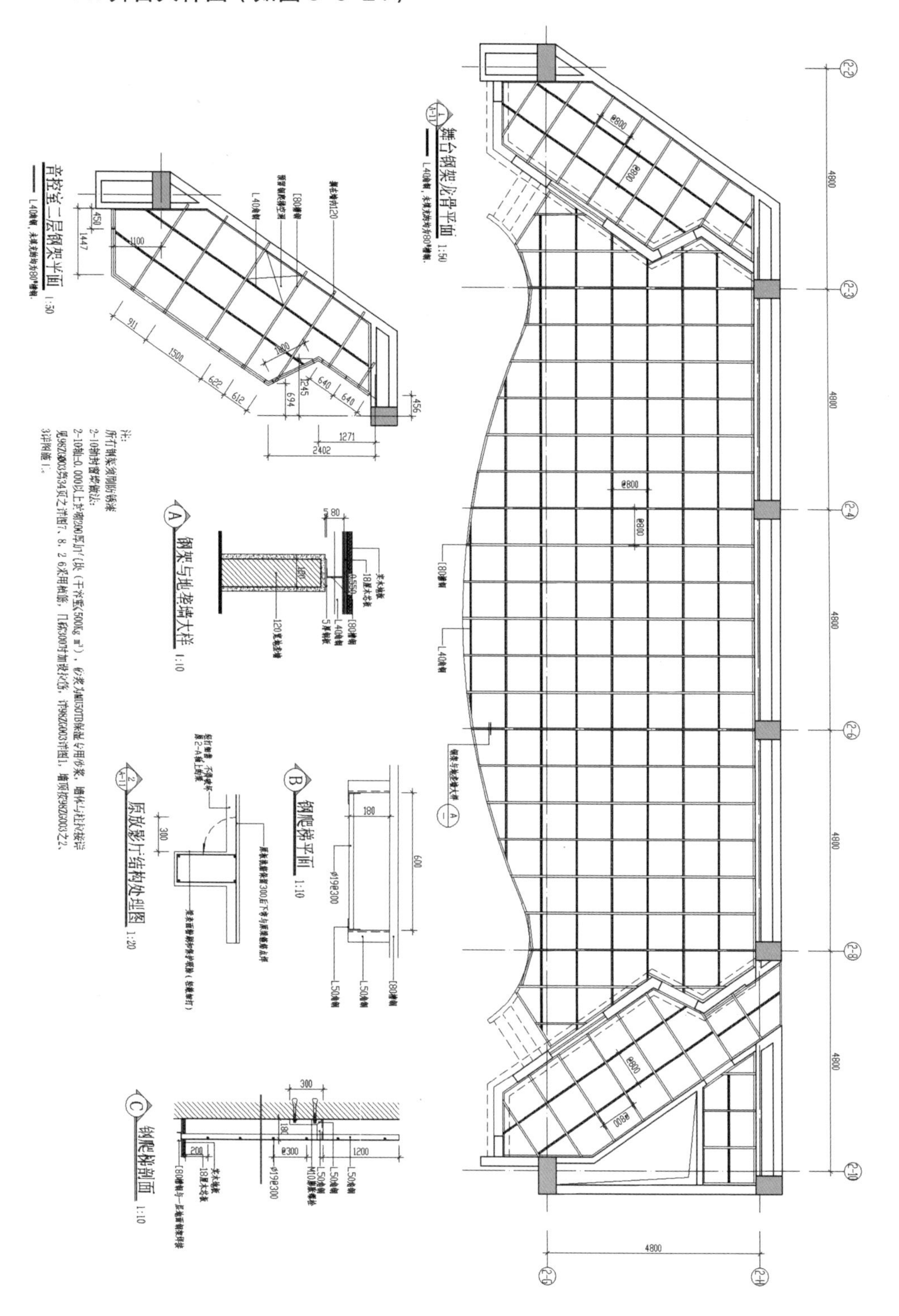

图 5—5—24

12. 天花及地面大样图（如图 5-5-25）

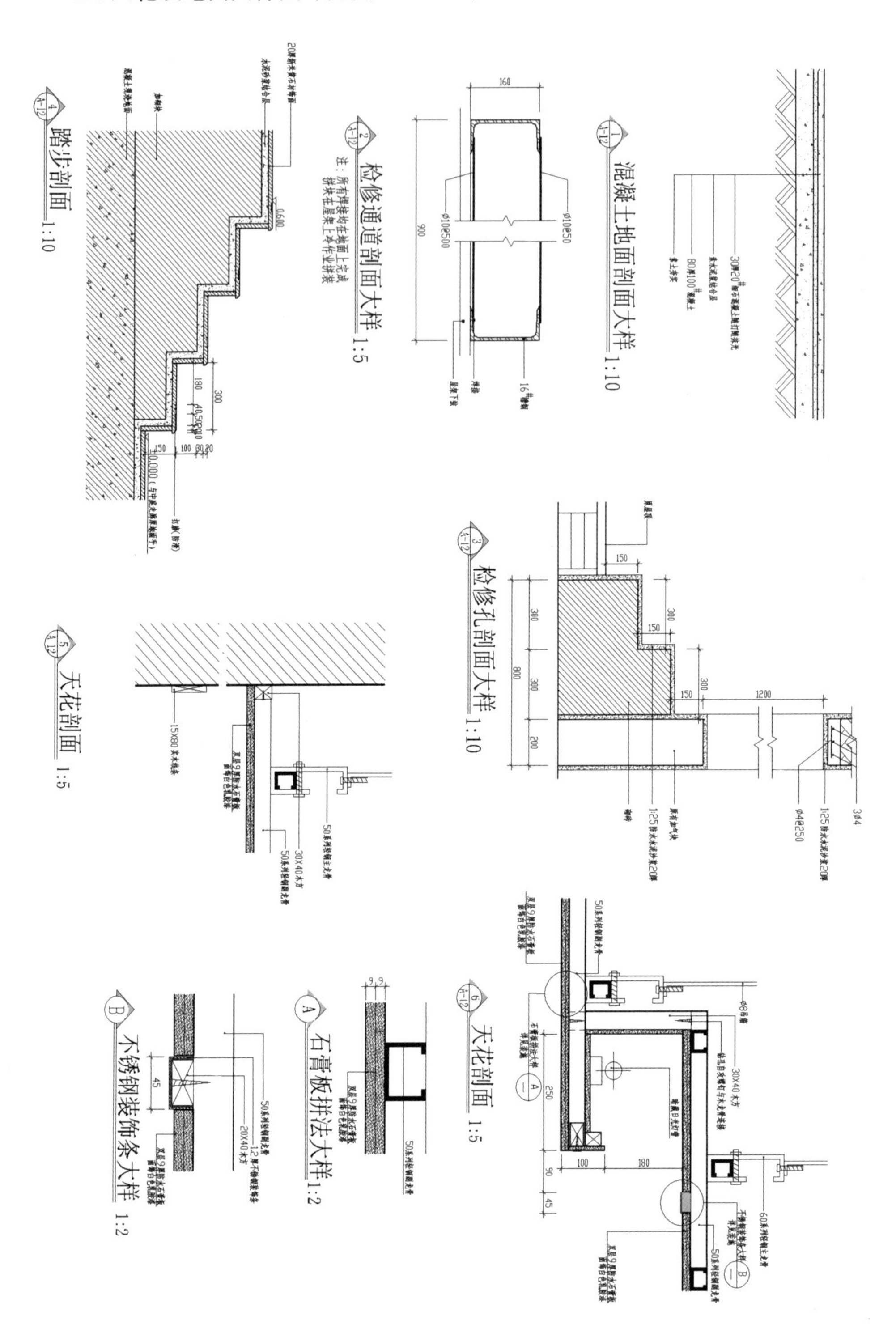

图 5-5-25

13. 面光大样图（如图 5-5-26）

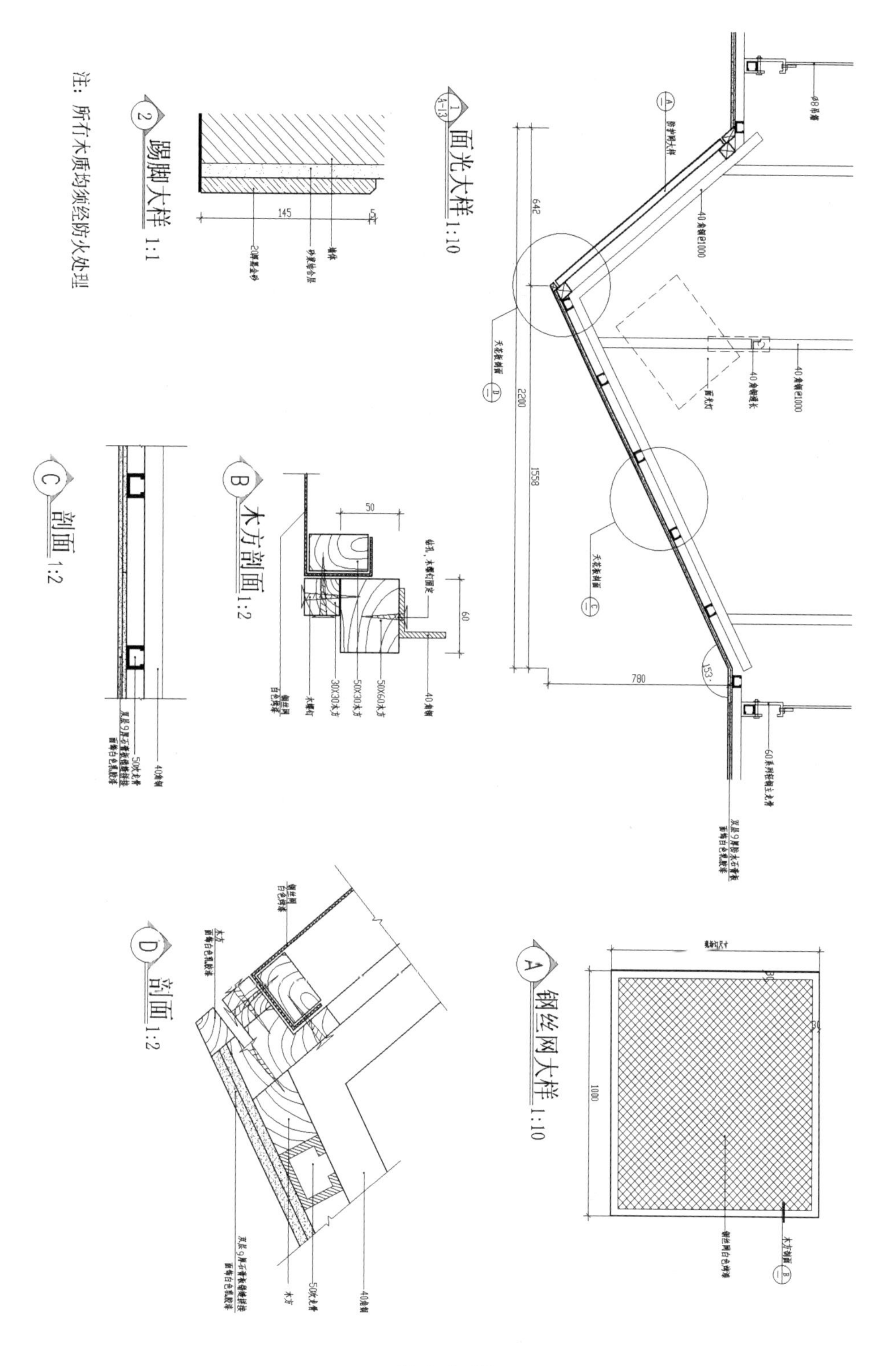

图 5-5-26

14. 天花及墙面大样图（如图 5-5-27）

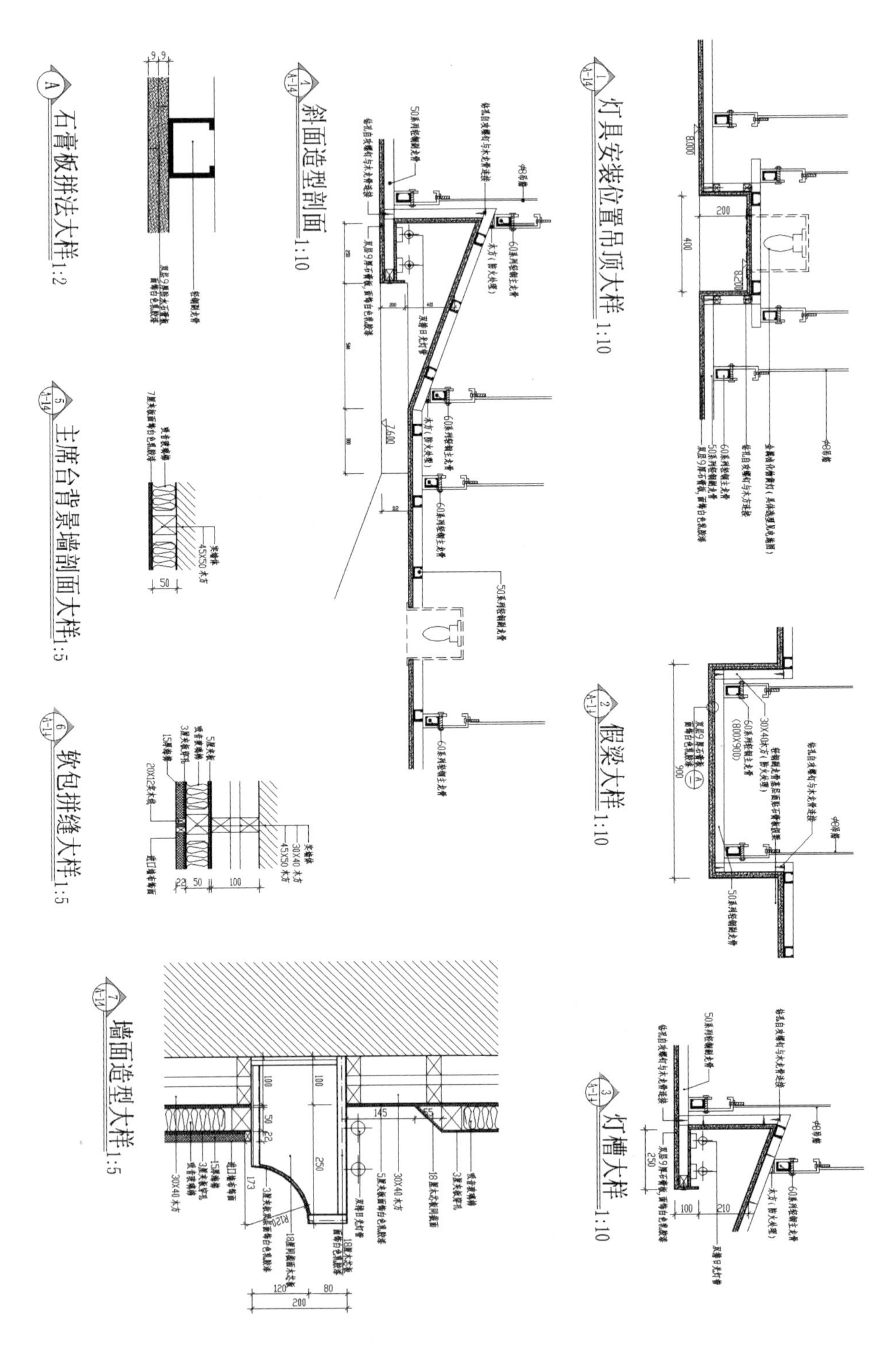

图 5-5-27

15. 中置音箱及会标杆、背景幕大样图（如图 5-5-28）

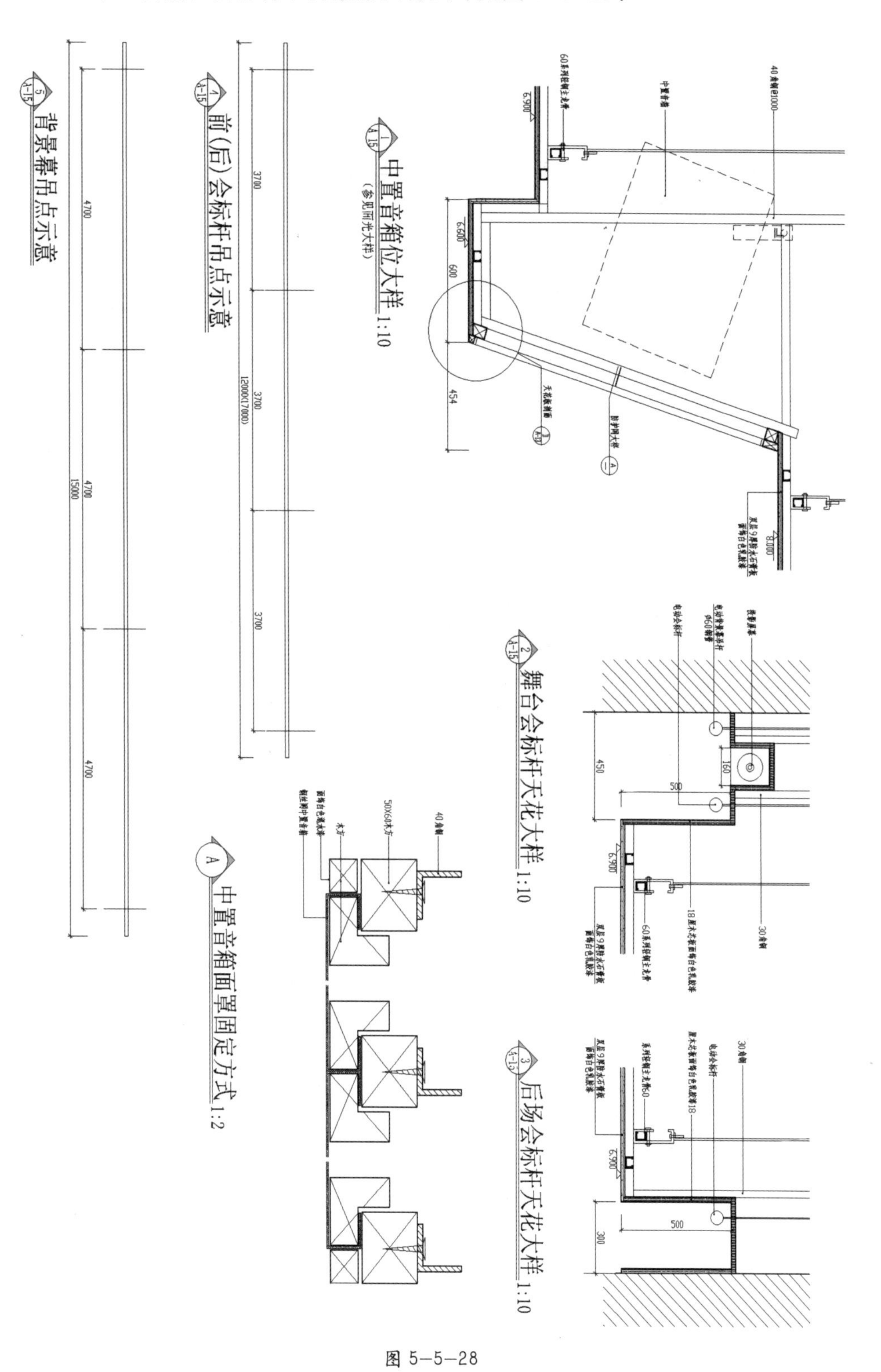

图 5-5-28

16. 监控窗及墙面大样图（如图 5-5-29）

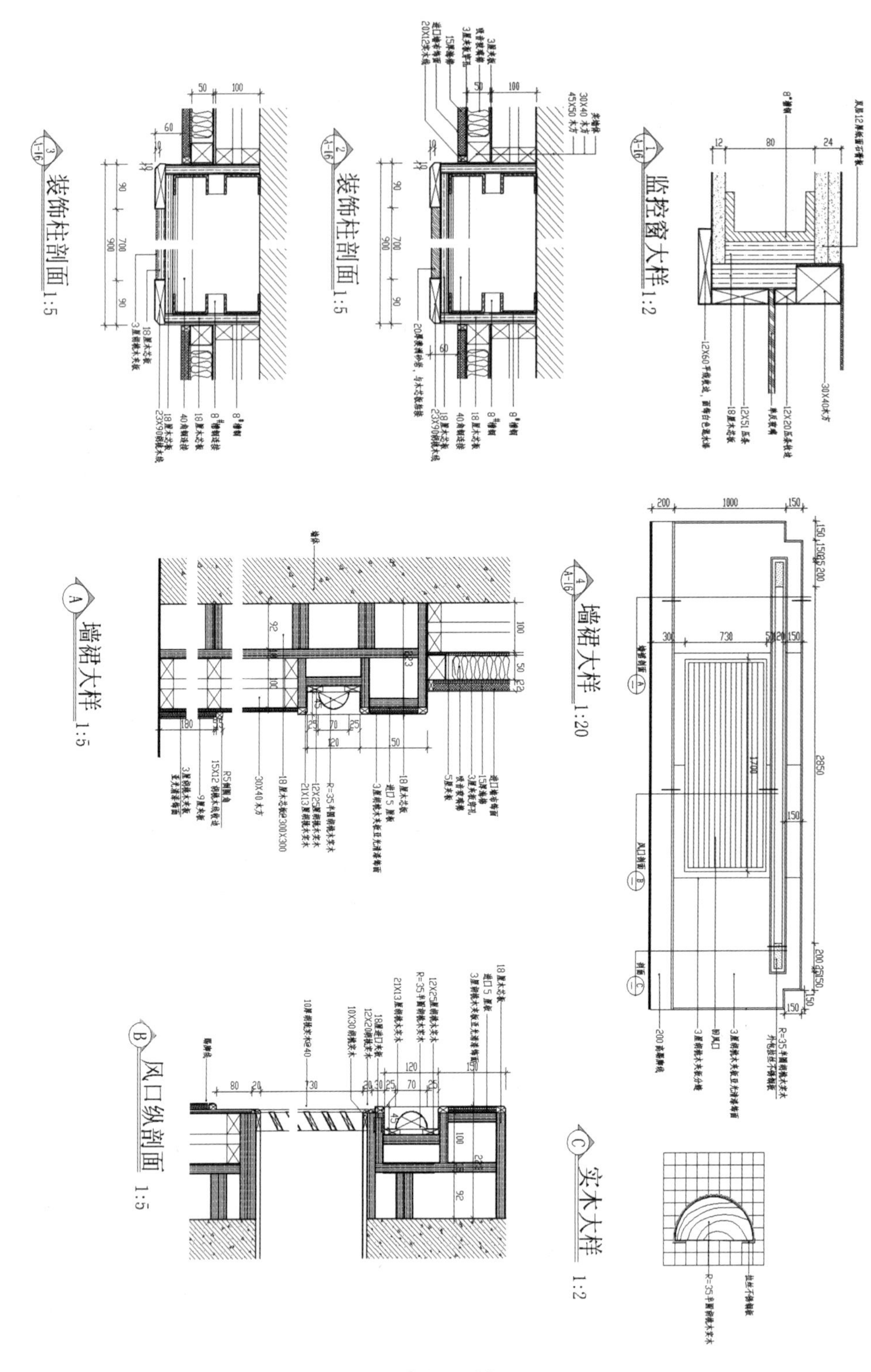

图 5-5-29

17. 台唇及旗杆架大样图（如图 5-5-30）

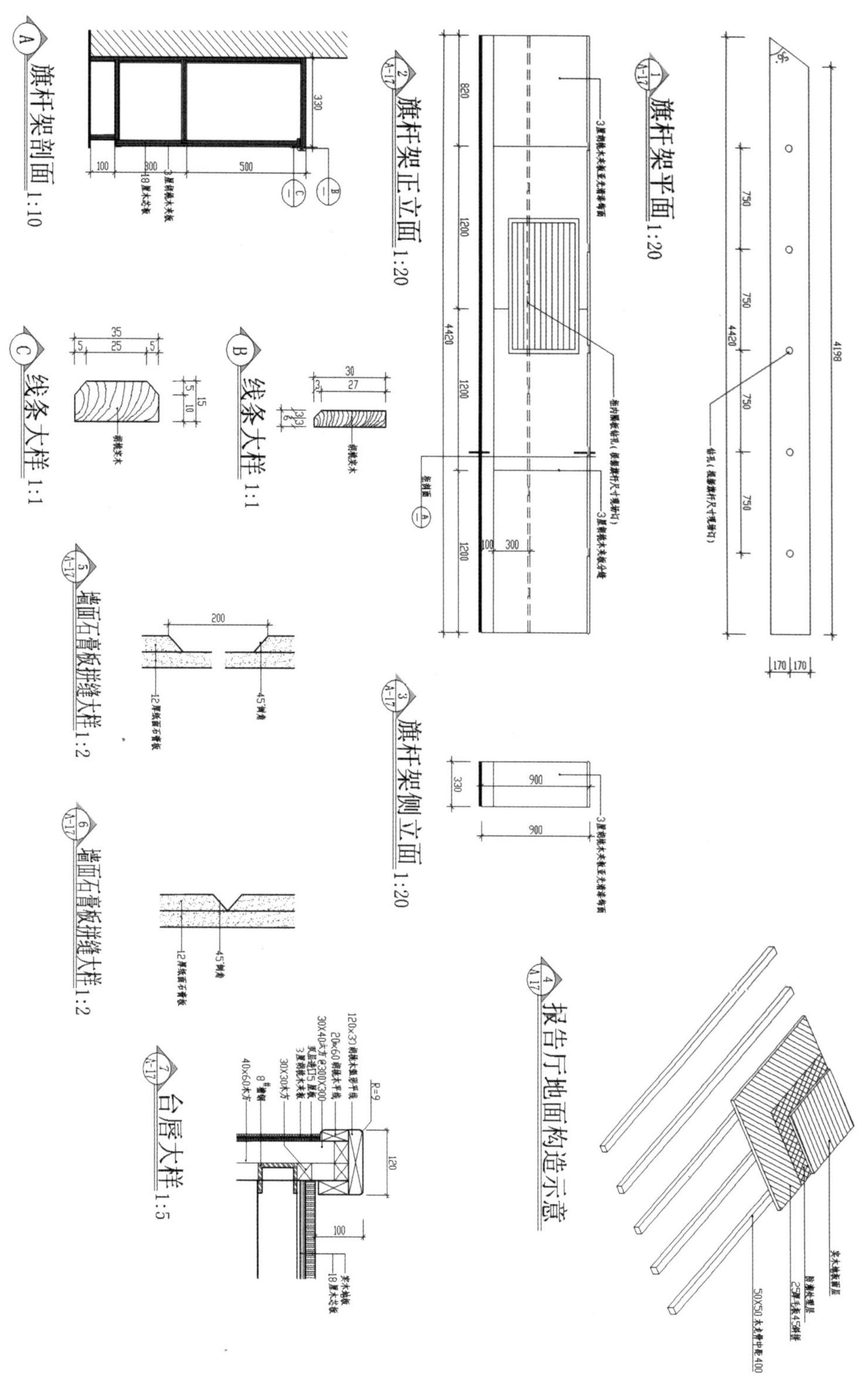

图 5-5-30

18. 贵宾休息室平面图（如图 5-5-31）

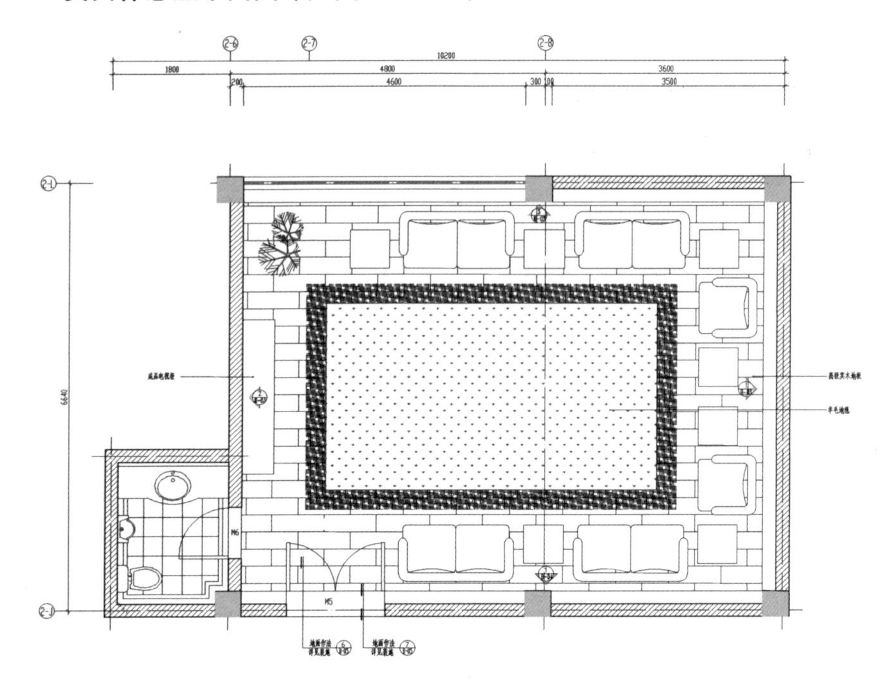

图 5—5—31

19. 贵宾休息室天花图（如图 5-5-32）

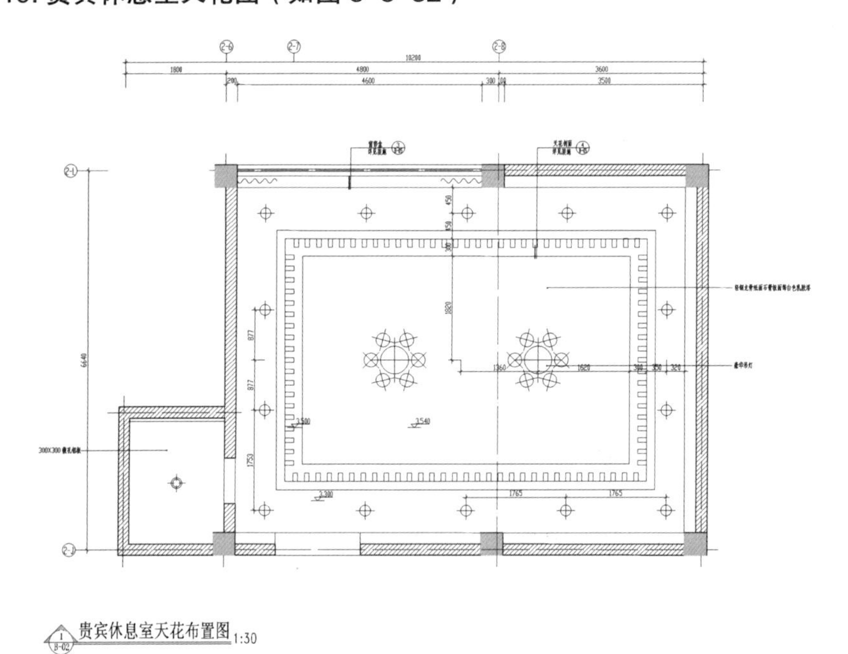

图 5—5—32

20. 贵宾休息室立面图（如图 5-5-33）

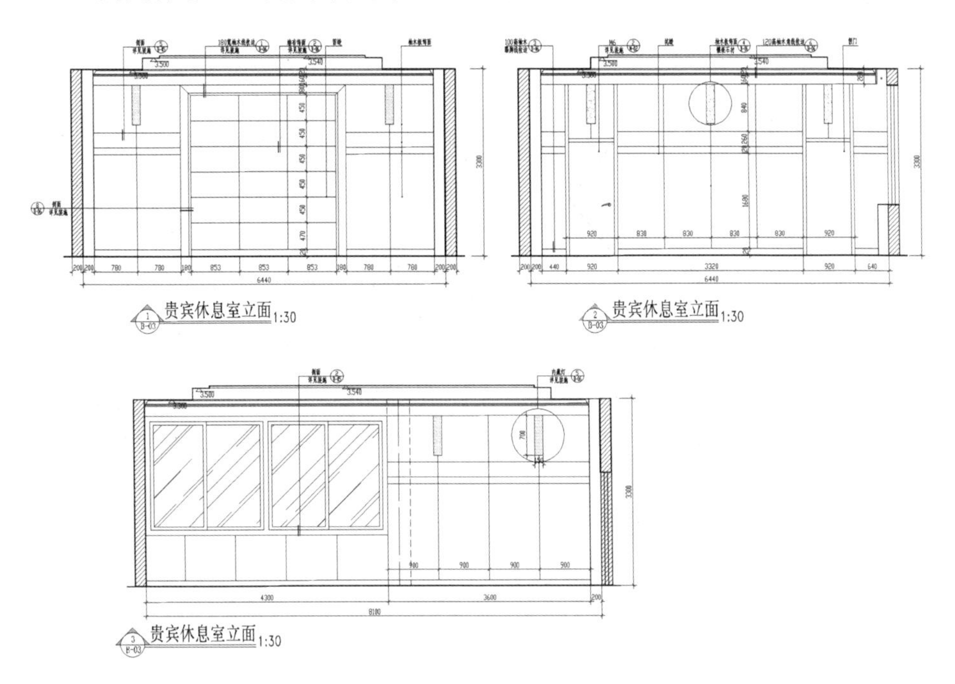

图 5-5-33

21. 贵宾休息室及卫生间立面图（如图 5-5-34）

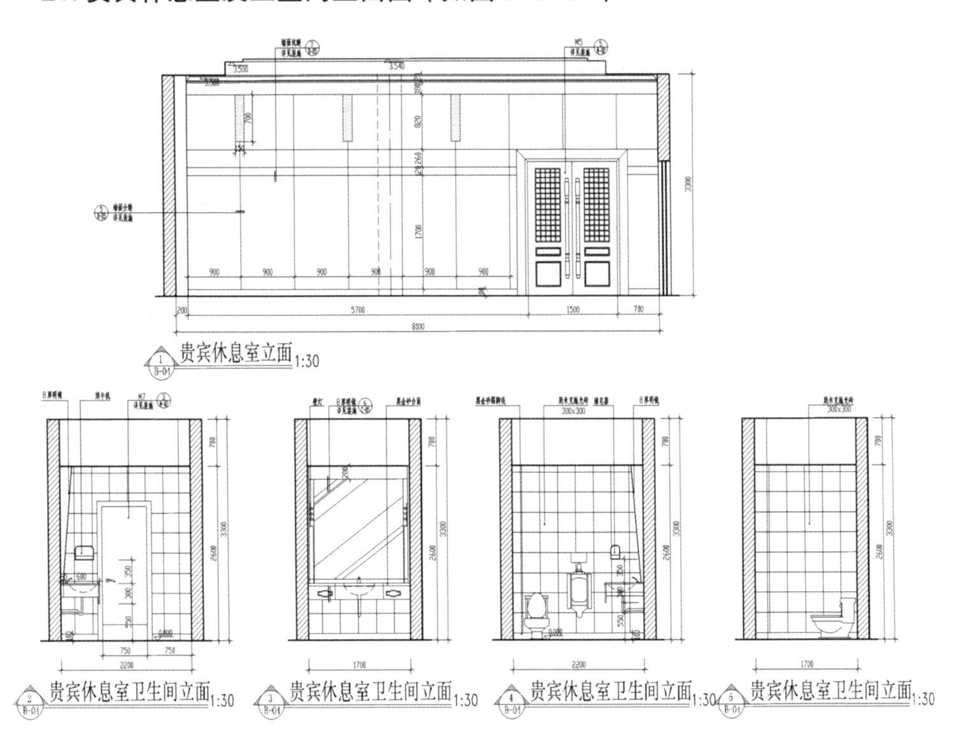

图 5-5-34

22. 贵宾休息室大样图（如图 5-5-35）

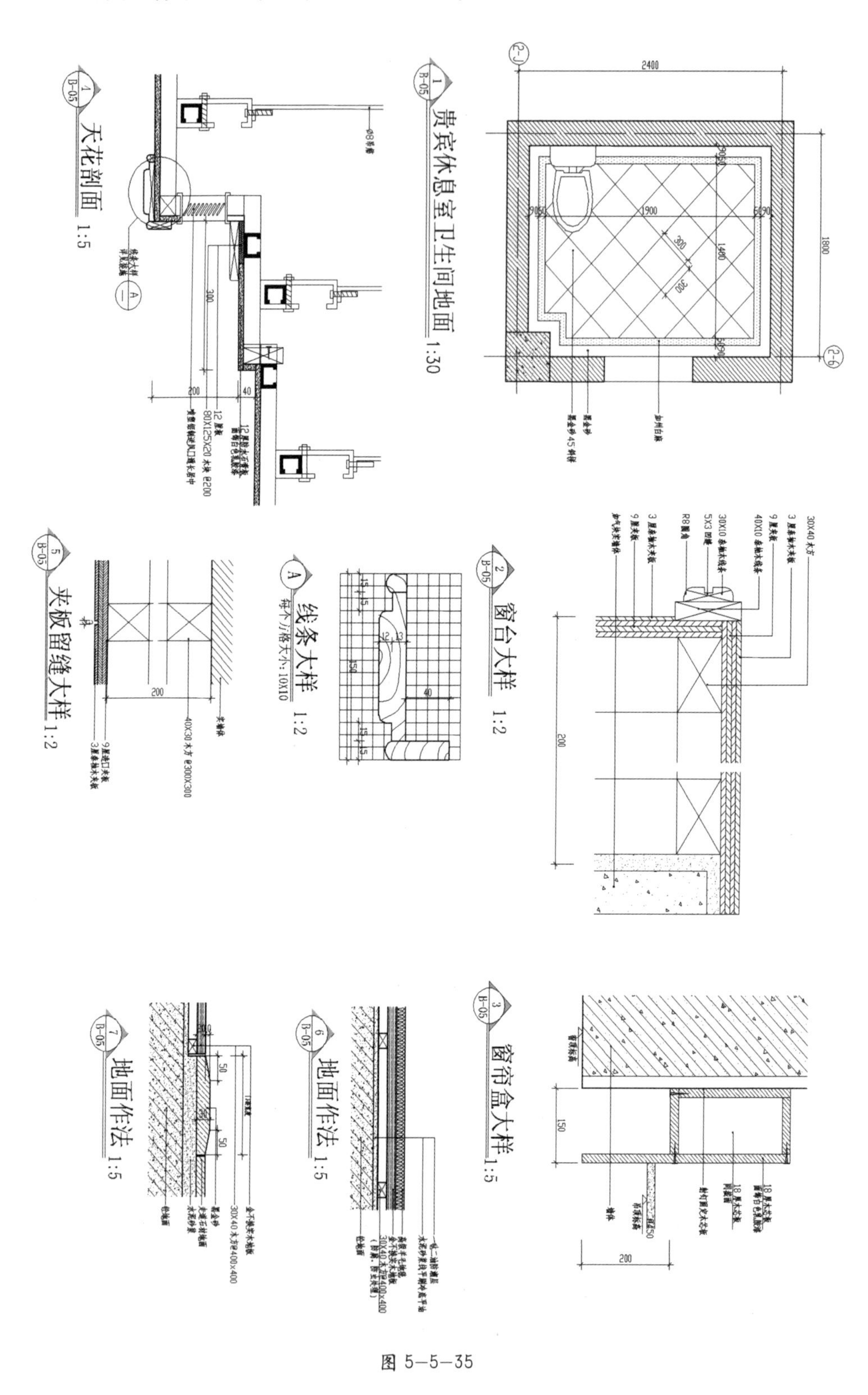

图 5-5-35

23. 贵宾休息室大样图（如图 5-5-36）

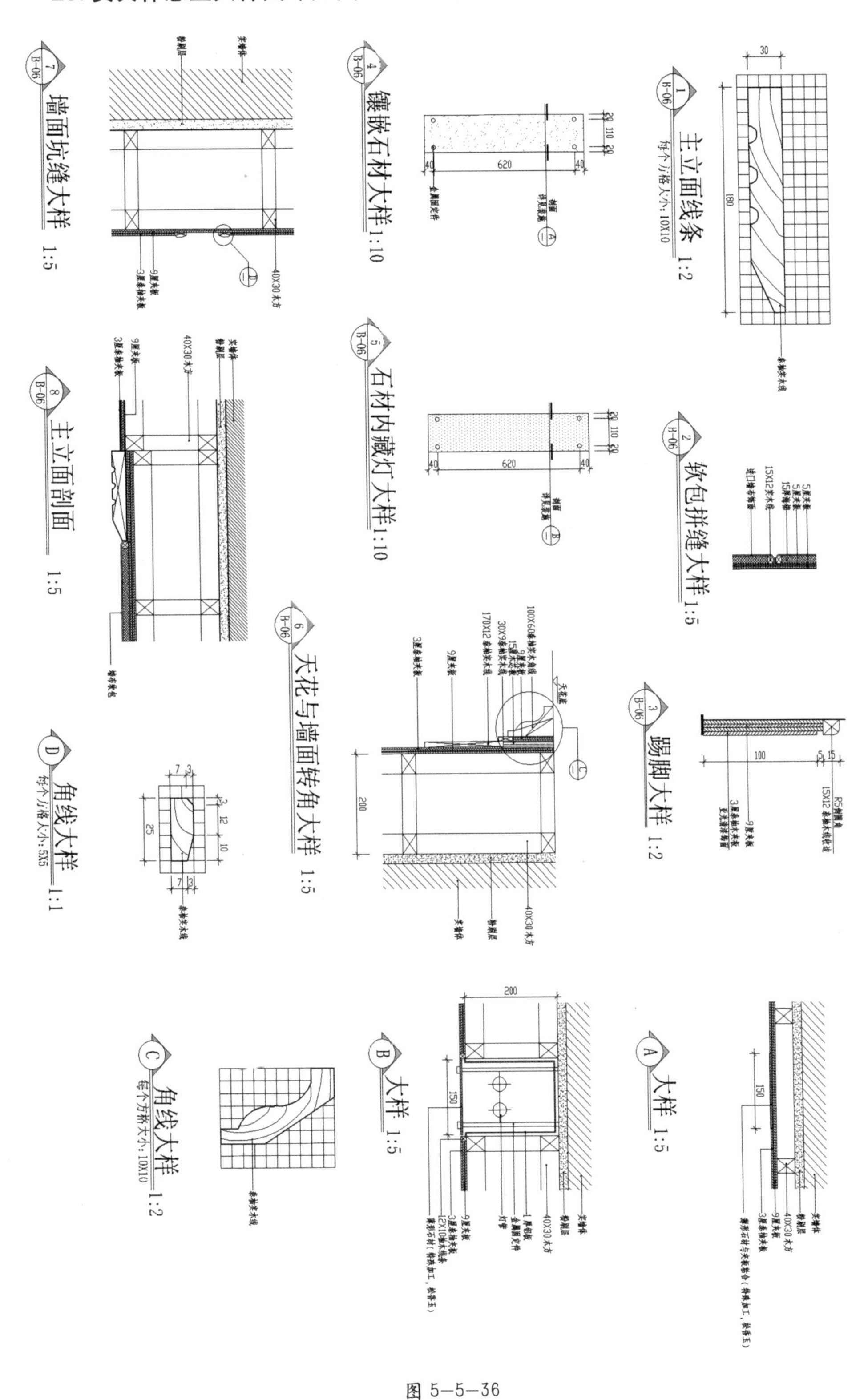

图 5-5-36

5.6 公共空间设计实训

人的思维往往有一种定式，按照固有的观点去思考问题、分析问题，然后用这种陈旧的思维模式得出的结论来指导我们的行动。大千世界、变化万千，在这个日新月异的时代里，我们周围的世界时时刻刻都在变化着。作为一名设计师，更是不能因循守旧，如何突破思维定式呢？以下几点可帮助我们走到时代的前列。

1. 保持个性，不盲目追随潮流

时尚、潮流，可以说是各种媒体里出现的最为频繁的词汇，很多人在这种表面的繁华中迷失了自我。对设计而言，保持个性，追求内心对空间最为本质的需求，可谓创意思维的前提。

2. 集中精力、聚焦关键问题

具有创造性的思维，必定抓住事物的关键因素，集中精力解决主要问题。创意思维训练离不开发散思维，因为设计项目的解决需要从多方面入手，但如何让发散性思维成为创意思维则需要思维有效地集中到一起。一般来说，创意思维首先要集中一定的思维能量，在此基础上再进行“集中—发散—集中—发散”的循环思维活动。

3. 丰富的知识、保持信息畅通

科学技术的飞速发展，使得知识更新也不断加快。创意思维的产生更需要丰富的知识。建立一个“自主知识储备体系”是创意思维的基础，知识的多面性可以提供创意的原料，信息的畅通是创意思维的保障。信息时代的特点就是动态性和时效性。世界变成了一个“地球村”，抓住信息就等于抓住了创意。

4. 多想多问、学会举一反三

创意思维方法就跟其他学科的方法一样无穷尽。多想、多问是创意思维的关键。一件事情的解决往往不止一种方式。举一反三可以不断拓展创意思维的外延，增加创意思维的方法。

5. 随机应变、营造创意环境

上述几条都是从内因角度说明创意思维。然而，创意思维的主体是人，外因的重要性也不可忽视。只有创意的环境具备，才能用“外因”来配合，激发“内因”，里应外合才能迸发出最好、最快的创意。

5.6.1 商业空间设计创意思维

1. 阶段一

选择几个感兴趣的词汇（如蜂巢、闪电、森林、灯笼、阴阳）等，做出五套陈列架（陈列内容自定），要求每套为三种形态，一为倚墙而立、一为视觉中心、一为组合叠加。

作业要求：五套陈列架以手绘透视图或 3Dsmax 效果图方式均可，注意其比例、尺寸、色彩、质感的和谐处理。每套方案绘制在 A3 幅面的纸上，配以设计说明。

2. 阶段二

选择阶段一中最满意的作品进行拓展设计，根据建筑实际情况，尊重原有结构形式、地理位置，配合阶段一的主题以及售卖内容进行整体空间设计，店面、橱窗与内部空间协调一致。

作业要求：完成整套 cad 施工图纸，3Dsmax 效果图三张，材料标识清楚。

5.6.2 办公空间设计创意思维

1. 阶段一

做办公空间的接待空间的设计，选择三个定位风格的词汇（如现代、创意、色彩、体块、极少主义等）作为元素，绘出接待厅草图（面积自定）。

作业要求：三套办公空间的接待厅以手绘透视图或 3Dsmax 效果图方式均可，注意其比例、尺寸、色彩、质感的和谐处理。每套方案绘制在 A3 幅面的纸上，配以设计说明。

2. 阶段二

选择阶段一中最满意的作品进行拓展设计，根据建筑实际情况，尊重原有结构形式，配合阶段一的定位词汇进行整体空间设计。

作业要求：整体办公空间设计中至少表现三个小空间的 3Dsmax 效果图（如接待厅、开敞办公室、会议室、经理办公室）各一张，完成整套 cad 施工图纸，定位风格准确，材料标识清楚。

5.6.3 餐饮空间设计创意思维

1. 阶段一

传统中式餐饮空间的包房的设计，选择三个定位风格的词汇（如都市风格、中式风格、欧式风格等），绘出包间草图（面积自定）。

作业要求：三套传统中式餐饮空间的包房设计以手绘透视图或3Dsmax效果图方式均可，注意其比例、尺寸、色彩、质感的和谐处理。每套方案绘制在A3幅面的纸上，配以设计说明。

2. 阶段二

西式快餐厅空间设计（面积在300m^{2}左右），根据建筑实际情况，尊重原有结构形式，配合阶段一的定位词汇（如都市、中式、欧式）进行整体空间设计。

作业要求：三套西式快餐厅空间设计以手绘透视图或3Dsmax效果图方式均可，注意其比例、尺寸、色彩、质感地和谐处理。每套方案绘制在A3幅面的纸上，配以设计说明。

5.6.4　娱乐空间设计创意思维

1. 阶段一

做主题酒吧的酒吧台设计，定义五个不同风格的主题（如西藏风情、金属摇滚、中国功夫、摄影旅行、美国乡村、拉丁舞、足球、蓝球）等，做出五个酒吧台。

作业要求：五个酒吧台以手绘透视图或3Dsmax效果图方式均可，注意其比例、尺寸、色彩、质感的和谐处理。每套方案绘制在A3幅面的纸上，配以设计说明。

2. 阶段二

选择阶段一中最满意的作品进行拓展设计，根据建筑实际情况，尊重原有结构形式，配合阶段一的主题进行整体空间设计。

作业要求：完成整套cad施工图纸，3Dsmax效果图三张，风格明确、材料标识清楚。

5.6.5　观演空间设计创意思维

1. 阶段一

做一个总面积在1000m^{2}左右（空间高度不限）的剧场设计，做出剧场的两个平面布置方案图（包括观众厅和演出舞台、技术设备部分和行政管理等辅助用房。）

作业要求：两个平面布置方案图以手绘透视图或cad图方式均可，注意其平面合理、比例、尺寸、色彩、质感的和谐处理。每套方案绘制在A3幅面的纸上，配以设计说明。

2. 阶段二

选择阶段一中最满意的平面方案进行拓展剧场的整体设计（包括观众厅和舞台），要求剧场台口的设计三个方案（如无框式、有框式、侧框式、额枋式）。根据建筑实际情况，尊重原有结构形式。

作业要求：3Dsmax效果图三张。

参考文献

【1】布鲁诺·赛维．建筑空间论 / 张似赞，译．北京：中国建筑工业出版社， 2006 译者：张似赞 .2006.

【2】彼得·柯林斯．现代建筑设计思想的演变 / 英若联，译．北京：中国建筑工业出版社，2003.

【3】隈研吾．新建筑入门．北京：中信出版社， 2011.

【4】彭一刚．建筑空间组合论．北京：中国建筑工业出版社， 2008

【5】王受之．世界现代建筑史．北京：中国建筑工业出版社， 1998

【6】《中国建筑史》编写组．中国建筑史．北京：中国建筑工业出版社， 2009.

【7】陈志华．外国建筑史．北京：中国建筑工业出版社， 2004.

【8】高祥生．室内设计概论．沈阳：辽宁美术出版社， 2009.

【9】本书编写组．现行建筑设计规范大全．北京：中国建筑工业出版社，2011.

【10】张绮曼，郑曙旸．室内设计资料集．北京：中国建筑工业出版社， 1991.

【11】杨清平，李柏山．公共空间设计．北京：北京大学出版社， 2010.

【12】田原，杨冬丹．装饰材料设计与应用．北京：中国建筑工业出版社， 2006.

【13】张书鸿．室内设计概论．武汉：华中科技大学出版社， 2007.

【14】李飒．陈设设计．北京：中国青年出版社， 2007.